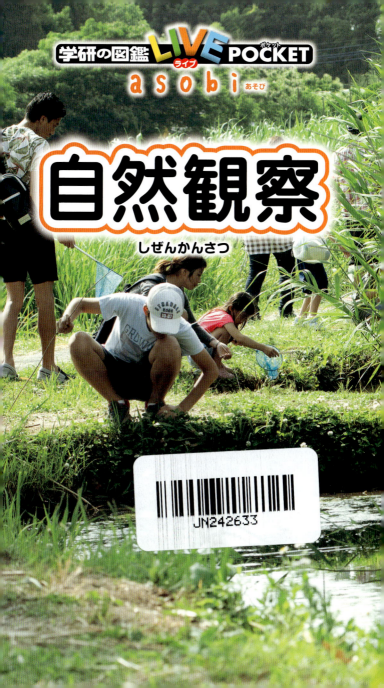

もくじ

この本の使い方 ……………………………………………………… 4

春 春に見つけよう ……………………………………… 6
サクラの花を落としたのはだれだ!? ……… 8
テントウムシをさがそう ………………………… 10
タンポポをさがそう ……………………………… 14
野原や庭で見つけよう …………………………… 16
白い花で昆虫を見つけよう ……………………… 18
キャベツをあなボコだらけにしたのはだれだ!? ……… 20
春の林で見つけよう ……………………………… 22
オサムシトラップをしかけよう ………………… 24
おたまじゃくしをつかまえよう ………………… 28

水 水の生き物を見つけよう …………………… 36
つりをして、魚を観察しよう ……………… 38
池でつりをしてみよう ……………………… 42
川でつりをしてみよう ……………………… 44
あみですくってみよう …………………… 46
ザリガニをつってみよう ………………… 48
池にいる生き物図鑑 ……………………… 50
川・用水路にいる生き物図鑑 …………… 51
川や池にいる鳥図鑑 ………………………………… 52
海でつりをしてみよう ……………………………… 54
磯で遊ぼう …………………………………… 60
潮干狩りで楽しもう ……………………… 64
砂浜で見つけよう ………………………… 66
カニをおびきよせよう …………………… 68
海にいる鳥図鑑 ………………………… 69
海の危険生物図鑑 ……………………… 70

2

夏
- 夏に見つけよう ……………………………… 72
- セミを見つけよう ……………………………… 74
- アリを飼ってみよう …………………………… 78
- トカゲのなかまを見つけよう ………………… 80
  - カタツムリを見つけよう …………………… 81
- 樹液で見つけよう ……………………………… 82
  - バナナトラップをしかけよう …………… 86
  - あかりで見つけよう ……………………… 87
- 夏の花を見つけよう …………………………… 90
- 花で昆虫をさがそう …………………………… 92
- クリの花で見つけよう ………………………… 94
- アオスジアゲハをおびきよせよう ……………… 96
- クズの葉を食べたのはだれだ!? ……………… 98
- 葉を食べたあとを見つけよう ………………… 100
- 水生昆虫をつかまえよう ……………………… 104
  - 夏の山で見つけよう ……………………… 106
  - 山で花を見つけよう ……………………… 108
  - 草原で昆虫をさがそう …………………… 110
  - 高い山の林で昆虫をさがそう …………… 112
  - 山でクワガタムシをさがそう …………… 114
  - 土場でさがしてみよう …………………… 116
  - 夏の山の鳥図鑑 …………………………… 118

秋
- 秋に見つけよう ………………………………… 120
  - 秋の花を見つけよう ……………………… 122
  - コスモスの花で見つけよう ……………… 124
  - カマキリを見つけよう …………………… 126
  - コオロギトラップをしかけよう ………… 128
  - バッタを見つけよう ……………………… 130
  - きのこをさがしてみよう ………………… 132
  - 落ち葉をさがそう ………………………… 134
  - どんぐりをさがそう ……………………… 136
  - 実をさがそう ……………………………… 138
  - 秋に見られる鳥図鑑 ……………………… 140
  - トンボを見つけよう ……………………… 142

冬

- 冬に見つけよう ………………………………… 148
- 雑木林で見つけよう …………………………… 150
- 晴れた日に見に行こう ………………………… 152
  - 身近な冬の鳥図鑑 ………………………… 153

家におびきよせよう ………………………… 154

さくいん ………………………………………… 156

この本のつかい方

　この本では、自然観察で見られる生き物だけでなく、どうやったらその生き物に出会えるかを紹介しています。

自然の変化を見つけて、生き物をさがしましょう
　花の落ち方や葉の食べあとで、どんな生き物がそれをしたか、わかります。

自然観察に役立つ生き物の情報をのせています。

トラップをしかけたり、つりをしたりしてみよう！
　ふだんはあまり見られない生き物も、トラップをつかったり、つりをしたりすると観察しやすくなります。

目的の生き物を見たら、そのまわりにいる生き物もわかるようになっています。

見分け方を解説
　似た生き物を見分けるポイントを紹介しています。

写真のそばに似た種のどこがちがうのか、青い字で解説しています。

生き物の飼い方を紹介
　生き物の、かんたんな飼い方を紹介しています。

きみがつかまえたおたまじゃくしを調べてみよう。

大きな飼育ケースをつかわない方法を紹介します。

春
はる

春に見つけよう

春は冬越しした生き物たちが野外に出てくる季節です。いろいろなところで、生き物をたくさん見ることができます。

菜の花畑で見つけよう

菜の花（アブラナの花）には、いろいろな昆虫が集まります。また、その近くにはスミレなどの花もさきます。

春 ── 春に見つけよう

モンシロチョウ

ニホンミツバチ

ルリシジミ

ツマキチョウ

タチツボスミレ

カラスノエンドウ

公園や庭で見つけよう

公園にさくサクラの花には、鳥やハチなど、いろいろな生き物がみつを吸いにきます。また地面にはつくし（スギナの胞子茎）なども生えてきます。

アゲハ

キムネクマバチ

セイヨウミツバチ

つくし（スギナの胞子茎）

ヒメオドリコソウ

春 ── 春に見つけよう

サクラの花を落としたのはだれだ!?

サクラの時期には、花びらがいっぱい落ちています。おやっ、花ごと落ちたものもありました。こんなことをしたのはだれだ？

花びらだけでなく花ごと落ちているぞ！

サクラで見られる鳥

サクラの花からみつが出ます。そのみつを吸いに、鳥がやってきます。サクラの木をよく見ると、いろいろな鳥が見られます。

犯人はスズメだった！

わたしで〜す。くちばしが太くて短いので、花の横にあなをあけてみつを吸いま〜す。

スズメ
◆14〜15cm ❖日本全土 ♥草の種、穀物、昆虫など ★人がすんでいるところにいる、もっとも身近な小鳥です。春にサクラの木の上でよく見られます。

メジロ
◆約11cm ❖日本全土 ♥やわらかい実、花のみつ、アブラムシ、クモ ★東北地方以北では夏に見られます。花のみつが好きで、くちばしを花に入れてみつを吸います。

ヒヨドリ
◆約28cm ❖日本全土 ♥木の実、花のみつ、昆虫 ★ヒヨドリのなかまでいちばん北にすむ、身近な目立つ鳥です。

◆大きさ ❖日本での分布 ♥食べ物 ★特徴

春の公園で見られる鳥たち

春は、花がさき、昆虫などが多くなる季節です。公園では、昆虫などを食べる鳥や、花のみつが好きな鳥などが多く見られます。

シジュウカラ

♦13～14cm 🍀日本全土 ♥昆虫、クモ、木の実 ★住宅地から山地まで広くすんでいます。

ウグイス

♦14～15cm 🍀日本全土 ♥木の実、昆虫、クモ ★おすは、「ホーホケキョ」とさえずります。

ヤマガラ

♦12～14cm 🍀日本全土 ♥昆虫、木の実 ★つがいになるとき以外は、小さな群れでくらします。

カワラヒワ

♦約14cm 🍀北海道～九州 ♥草の種、木の実 ★日本各地でよく見られます。冬は川原などで大群をつくります。

🫘豆ちしき シジュウカラは、花のみつを吸いません。

テントウムシをさがそう

春 ── 春に見つけよう

テントウムシの人気者、ナナホシテントウは春早くから活発に動き出します。どこで見つけたらいいのか、見つけるにはこつがあります。

ナナホシテントウ
◆約8mm ♣日本全土 ■1年中 ★アブラムシを食べ、日当たりのよい草地や畑で多く見られます。夏には見られる数がへります。

さがす植物はコレだ！

ナナホシテントウはアブラムシを食べます。アブラムシが集まる草をさがしましょう。

カラスノエンドウ
◆60〜150cm ♣一年草 ♣本州以南 ★堤防や荒れ地でよく見られます。3〜6月に紫色の花がさきます。さやに毛がありません。

セイヨウアブラナ
◆30〜60cm ♣一年草 ♣日本全土 ★油などをとるために、栽培しているものです。最近は堤防などでよく見られます。

スイバ
◆30〜50cm ♣多年草 ♣日本全土 ★堤防や田のあぜ、荒れ地でよく見られます。葉は、茎の下の方から出ます。

◆大きさ ♣生活の姿 ♣日本での分布 ■見られる時期 ★特徴

ポイントはアブラムシ！

アブラムシを見つけたら、そのまわりをよく見てみましょう。すると、幼虫と成虫を見つけることができます。さなぎも葉の表などについているのを見つけることができます。

成虫をよく観察しよう

ぼうや指先にとまったテントウムシを観察してみましょう。ぼうのようなものを上にのぼったあと、飛んでいきます。

ぼうのようなものにとまったテントウムシです。

先の方までのぼっていきます。

あしをのばしたあと、はねを広げます。

そして、飛び立っていきます。

豆ちしき　ナナホシテントウは敵におそわれると、あしの関節から黄色く苦い汁を出します。

11

春 ── 春に見つけよう

テントウムシを飼ってみよう

テントウムシの成虫をずっと飼うのは大変ですが、大きな幼虫を成虫になるまで育てるのは、かんたんにできます。

用意するもの

ペットカップ（ふたつき）
カブト・クワガタショップで「プリンカップ」とよばれているものです。ホームセンターなどでも売っています。少し空気が入れかわるので、あなをあけなくてもすみます。

幼虫
1 ぴき入れます。

アブラムシのついた植物
アブラムシごと入れます。植物の切り口を、水をふくんだティッシュペーパーでつつみ、その上からアルミホイルでつつむと、植物が長くもちます。

ティッシュペーパー
アブラムシの脱皮したあとの皮や死がいなどで容器がよごれるのをふせぎます。よごれたら新しいものとかえます。

飼い方

アブラムシがへってきたら、新しくアブラムシがついた植物を入れましょう。

しばらく飼っていると、幼虫はじっとしてきます。そして、さなぎになります。その間、さわらないようにしましょう。

豆ちしき　ペットカップはインターネットのカブト・クワガタショップで買えます。

身近で見られるテントウムシ

　テントウムシはアブラムシを食べるものだけではありません。葉を食べるもの、菌類を食べるものなど、いろいろいます。さがしてみましょう。

頭部が小さい
両側に白いもんがある
いろいろなもようのものがいる

2倍　本当の大きさ

ナミテントウ
◆7〜8mm ♣北海道〜九州 ■4〜11月(真夏は見られる数がへります) ★アブラムシを食べます。平地から山地まで、草の上でよく見られます。

細長い赤いもんが2つある
両側にクリーム色のもんがある
カメのこうらのようなもようがある
黄色の体に黒いもようがある
2倍　1.5倍　2倍

アカホシテントウ
◆5.8〜7.2mm ♣北海道〜九州 ■4〜10月 ★雑木林や公園のクヌギやクリ、ウメなどにいて、タマカイガラムシを食べます。

カメノコテントウ
◆11〜13mm ♣北海道〜九州 ■4〜10月 ★日本最大のテントウムシです。川岸のクルミ類やドロノキなどにいて、クルミハムシの幼虫を食べます。

ヒメカメノコテントウ
◆3.5〜5mm ♣日本全土 ■4〜11月 ★庭や畑地で見られ、アブラムシを食べます。

大きな黒いもんが10こある
小さな黒いもんが28こある
小さな黒いもんが28こある
2倍　2倍　2倍

トホシテントウ
◆6〜9mm ♣北海道〜九州 ■5〜9月 ★林のふちで見られ、カラスウリ類の葉を食べます。

ニジュウヤホシテントウ
◆6〜7mm ♣北海道〜沖縄 ■5〜10月 ★畑などで見られます。成虫はジャガイモなどの害虫です。

オオニジュウヤホシテントウ
◆6.5〜8mm ♣北海道〜九州 ■6〜10月(真夏は数がへります) ★畑などで見られます。ナス、ジャガイモなどの害虫です。

豆ちしき　テントウムシのなかまは、幼虫も成虫も同じものを食べるものが多くいます。

春——春に見つけよう

タンポポをさがそう

春になると、タンポポがたくさんさきます。タンポポにもいろいろな種類があり、おおまかに分けて、セイヨウタンポポなどの外来タンポポと在来タンポポ（日本に昔から生えていたもの）があります。さがしてみましょう。

きみの見つけたタンポポはどれ？

花の総ほう片がめくれていなければ、カントウタンポポなどの在来タンポポ。雑木林のへりなど、昔からあまり手が入っていない里山などに生えています。

花の総ほう片がめくれていれば、外来種のセイヨウタンポポ。市街地や田畑のへりなどでよく見られ、里山にはあまり生えません。秋にも花がさきます。

花の総ほう片がめくれていても、花が白ければ、在来種のシロバナタンポポ。西日本でよく見られ、里山に生えています。

◆大きさ ♣生活の姿 ♠日本での分布 ★特徴 ☀危険

14

タンポポの地図をつくろう

　地図をつくり、在来タンポポが生えているところに赤丸、セイヨウタンポポが生えているところに青い星印をつけていきましょう。自然が残されているかどうかが、タンポポからわかります。

●在来タンポポ　★外来タンポポ

黄色い花を見てみよう

キジムシロ

◆5〜30cm ▲多年草 ■日本全土 ★葉は根元近くでは5〜9枚あります。花がさくころは、葉を四方に広げます。

ミツバツチグリ

◆15〜30cm ▲多年草 ■本州、四国、九州 ★葉が3枚の小葉からできています。日当たりのいい草原などに生えます。

ウマノアシガタ

◆30〜60cm ▲多年草 ■日本全土 ★根元の葉には長い葉の柄があり、茎の上の方の葉には、葉の柄がありません。☀

ノゲシ

◆30〜50cm ▲二年草 ■日本全土 ★タンポポと似た花がさきます。茎から葉が出ます。

豆ちしき　ミツバツチグリの茎は、地面をはうようにのびています。

野原や庭で見つけよう

春には、空き地や公園、庭などでいろいろな花が見られます。いろいろなところで花をさがしましょう。

つくし（スギナの胞子茎）

◆20～30cm ♣多年草 ♠北海道～九州 ★日当たりのよい空き地などに生えます。「つくし」はスギナの胞子茎のことです。

ヒメオドリコソウ

◆10～25cm ♣一～二年草 ♠日本全土 ★ヨーロッパ原産で、荒れ地や道ばたなどでよく見られます。

ハナニラ

◆15～20cm ♣多年草 ♠日本全土 ★帰化植物です。荒れ地などに生えます。原産地は南アメリカです。

ノイバラ

◆約2m ♣落葉低木 ♠北海道～九州 ★枝にはとげがあります。荒れ地や林のへりで見られます。

ハルジオン

◆30～80cm ♣多年草 ♠日本全土 ★大正時代に観賞用として外国からもちこまれたものが、野生化しました。茎の中は、空いています。原産地は北アメリカです。

ヒメジョオン

◆50～120cm ♣多年草 ♠日本全土 ★ハルジオンよりややおそくさきます。茎の中はつまっています。原産地は北アメリカです。

> **豆ちしき**　「帰化植物」とは、栽培などで日本にもちこまれた植物のことをいいます。

タネツケバナ

◆10～30cm ▲一～二年草 ✚日本全土 ★たがやす前の水田やあぜなどでよく見かけます。

ホトケノザ

◆10～30cm ▲一～二年草 ✚本州、四国、九州 ★荒れ地などで見られます。

オオイヌノフグリ

◆10～30cm ▲一～二年草 ✚日本全土 ★荒れ地や畑のまわりなどに生えます。

ヘビイチゴ

◆つる性 ▲多年草 ✚日本全土 ★田のあぜや荒れ地などに生えます。赤い実がなります。

タチツボスミレ

◆5～30cm ▲多年草 ✚日本全土 ★林の中の日だまりなどに生えます。葉はハート形です。

ナズナ

◆10～50cm ▲一～二年草 ✚日本全土 ★荒れ地や道ばたに生えます。実の形が三角形で、三味線のばちに似ています。

豆ちしき　ホトケノザ、ナズナは、春の七草の一つです。

白い花で昆虫を見つけよう

春 ── 春に見つけよう

昆虫は白い花が好きです。ハルジオンやヒメジョオンの花を見ていくと、いろいろな昆虫を観察できます。

モモブトカミキリモドキ
◆5.5〜8mm ♣北海道〜九州 ■4〜6月 ★写真はめすです。おすの後ろあしは太くなります。かぶれるので、さわらないようにしましょう。☀

アシブトハナアブのなかま
★幼虫は水中で生活します。ハチに似ていますが、さしてくることはありません。

ヒメウラナミジャノメ
◆33〜40mm ♣北海道〜九州 ■4〜10月 ★明るい草地だけでなく、林の中でも見られます。

ヒゲナガガのなかま
★触角がとても長いガです。ひらひら飛ぶのではなく、ゆっくりまっすぐ飛びます。

ヤブキリ（幼虫）
◆45〜58mm ♣本州、四国 ■6〜10月 ★幼虫はよく花粉を食べます。成虫はほかの昆虫などを食べます。

ホソヒラタアブ
◆約11mm ♣北海道〜九州 ■5〜9月 ★ハチによく似ていますが、さしてくることはありません。花によくきます。

◆大きさ ♣日本での分布 ■見られる時期 ★特徴 ☀危険

ダイミョウセセリ
◆33〜36mm ♣北海道〜九州 ■5〜9月 ★谷ぞいの山道に多くいます。

ナミテントウ

ナミハナムグリ
◆16〜19.5mm ♣北海道〜九州 ■4〜7月 ★コナラなどの樹液にもきます。

スジグロシロチョウ
◆50〜60mm ♣北海道〜九州 ■3〜9月 ★湿度の高い林に多く見られます。おすはミカンに似たきついにおいがします。

マルクビツチハンミョウ
◆12〜30mm ♣北海道〜九州 ■4月〜 ★タンポポなどの葉を食べます。☀

カニグモのなかま
★あみをはりません。花でえものの昆虫を待ちぶせて、長い前あしでとらえます。

豆ちしき 白い花のほか、ゲンゲ（レンゲ）などの花でもよく昆虫が見られます。

春 ── 春に見つけよう

キャベツをあなボコだらけにしたのはだれだ!?

キャベツ畑に行ったら、まるまるキャベツがあなボコだらけになっていたぞ。犯人はだれだ?

犯人はこの3つのどれか!

昆虫が食べて、キャベツがあなボコだらけになったのです。

モンシロチョウの幼虫

ぼくかも〜。すぐに見つけられるよ!

モンシロチョウ
◆44〜55mm ♣日本全土 ■2月〜秋 ★日当たりのよい場所によくいます。

ヨトウガの幼虫

ぼくかも〜。昼間は土にもぐっているよ。

ヨトウガ
◆39〜49mm ♣北海道〜九州 ■4〜5月、7〜8月 ★多くの野菜などの害虫です。

ニホンカブラハバチの幼虫

ぼくも食べるけど、そんなに食べないよ。

ニホンカブラハバチ
◆7〜8mm ♣日本全土 ■4〜10月 ★タネツケバナ類などアブラナ科の葉を食べます。

豆ちしき　このページにのっている幼虫は、ハクサイなどにもつきます。

モンシロチョウを観察しよう

モンシロチョウは、たまご→幼虫→さなぎ→成虫の順に育っていきます。

- たまご
- ふ化した幼虫 — ふ化してたまごのからを食べる幼虫
- 小さい幼虫
- 大きい幼虫 — 上から見たところ
- さなぎ
- 成虫 40〜50mm

モンシロチョウを飼ってみよう

モンシロチョウもペットカップをつかうと、とても飼いやすくなります。えさは畑のものをつかいましょう。ないときは、茎のついたダイコンの切れはしを水につけて、出てきた葉をつかいましょう。

- ペットカップ（ふたつき）
- えさ かれたり、食べつくされたりしたら、とりかえましょう。
- ティッシュペーパー ふんでよごれたら、とりかえます。
- ペットカップにめすの成虫と食草を入れると、たまごを産みます。めすにはスポーツドリンクをかなりうすめたものをあたえます。

豆ちしき　お店で売っているキャベツなどを幼虫にあたえると、死ぬこともあります。

春の林で見つけよう

春の雑木林では、木に花がさいたり、林の地面の草に花がさいたりと、いろいろな花がさきます。

春 ── 春に見つけよう

コブシ
◆5〜15m ●落葉高木 ■北海道〜九州 ★小枝の先に花びらが6枚の白い花をつけます。花の下に1枚の小さな葉があります。

ヤブツバキ
◆5〜15m ●常緑高木 ■本州〜沖縄 ★海岸近くから山地まで広く見られます。枝の先に花が1こずつつきます。種からは椿油がとれます。

シャリンバイ
◆1〜4m ●常緑低木 ■本州〜沖縄 ★庭や公園にも植えられます。葉や枝が車輪のようにつき、花がウメに似ていることから「車輪梅」と名づけられました。

ミズキ
◆10〜15m ●落葉高木 ■北海道〜九州 ★白く小さな花が集まってさき、実は黒く熟します。早春に枝を切ると水がしたたり出ることから、名づけられました。

マムシグサ
◆30〜120cm ●多年草 ■北海道〜九州 ★茎にまだらもようがあり、それがマムシ(ヘビ)の体のもように似ています。

レンゲツツジ
◆1〜2m ●落葉低木 ■本州〜九州 ★高原などに群がって生えます。大きな花がさきます。

◆大きさ ●生活の姿 ■日本での分布 ★特徴

イロハモミジ

◆15mまで 🍁落葉高木 🍀本州〜九州
★よく見られるモミジです。秋に紅葉します。「イロハカエデ」ともいわれます。

アセビ

◆1.5〜4m 🍁常緑低木 🍀本州〜九州
★枝の先に多数のつぼ状の花がたれてさきます。

センダン

◆7〜10m 🍁落葉高木 🍀本州〜沖縄
★若い枝の先にうす紫色の花がたくさんさきます。

ホウチャクソウ

◆30〜60cm 🍁多年草 🍀北海道〜九州
★茎の先に、1〜3このつつ状の花がたれてさきます。

ギンラン

◆10〜30cm 🍁多年草 🍀本州〜九州
★茎が細く、花には短い出っぱりがあります。花びらは完全には開きません。

キンラン

◆30〜70cm 🍁多年草 🍀本州〜九州
★茎が太く、花には短い出っぱりがあります。黄色い花がさきます。

豆ちしき　シャリンバイは、庭や公園によく植えられています。

オサムシトラップをしかけよう

春 ― 春に見つけよう

オサムシには、キラキラ光るものが多くいて、とても人気がある虫です。でもなかなか見つかりません。そこで、トラップ（わな）をしかけて、集めてみましょう。

アオオサムシ

用意するもの

オサムシを集めるトラップはとてもかんたんです。プラコップとさなぎ粉が基本となります。とうがらしの粉は、タヌキや野良犬がトラップをもっていかないようにするためのものです。

根ほり

プラコップ

とうがらしの粉

さなぎ粉

豆ちしき　さなぎ粉のほか、すしの素やかつお節など、いろいろためしてみましょう。

しかける場所は？

クヌギやカシなどが生えた林と草むらのさかいがねらい目です。土がふわふわしているところにトラップをしかけましょう。

しかけ方

トラップは、えさのにおいにつられたオサムシが落ちてしまうしかけになっています。

①雨がふっても水がたまらないように、プラコップの底から1cmのところ（▶）にあなをあけます。

②プラコップにさなぎ粉を入れ、とうがらしの粉を入れます。

③根ほりで土をほり、プラコップをうめます。うめたら、プラコップのまわりのすきまを土でうめます。

プラコップのふちと地面は、同じ高さになるようにする。

次の日の朝に見に行こう

トラップにはいろいろな昆虫が落ちます。

このトラップには、アオオサムシが1ぴき落ちていました。

このトラップにはオオヒラタシデムシの成虫と幼虫が落ちていました。この虫は、成虫が幼虫を育てます。

このトラップには、ミイデラゴミムシなどのゴミムシのなかまとオオヒラタシデムシが落ちていました。

豆ちしき　木や草むらのまざり具合で、落ちる昆虫がかわってきます。

25

春 ── 春に見つけよう

トラップにかかるものは？

　オサムシトラップには、オサムシのほか、ゴミムシ、シデムシなど、飛べない昆虫がかかります。トラップに1回落ちたら、プラコップのかべをはい上がることができない虫たちです。

アオオサムシ
♦22〜23mm ♣本州（中部地方以北）■春〜秋 ★平地から低い山地にかけてすんでいます。春に産卵します。

アカガネオサムシ
♦18〜26mm ♣中部以北 ■春〜秋 ★本州では、湿地や川原などにすみます。

マイマイカブリ
♦30〜70mm ♣北海道〜九州 ■春〜秋 ★頭と前胸が長い体型をしている、日本最大のオサムシです。☀

セボシヒラタゴミムシ
♦9〜11mm ♣北海道、本州 ■春〜秋 ★はねには金属光沢があり、細かなくぼみがあります。

ミイデラゴミムシ
♦11〜18mm ♣北海道〜九州、奄美群島 ■4〜10月 ★湿地や水田のまわりに多くいます。危険がせまると腹からガスをふき出します。☀

オオゴミムシ
♦20〜24mm ♣北海道〜九州 ■1年中 ★ふつうに平地で見られます。つやがあります。

オオヒラタシデムシ
♦約23mm ♣北海道〜九州 ■4〜10月 ★動物の死がいやごみだめなどにいます。

オカダンゴムシ
♦約10mm ♣日本全土 ■1年中 ★危険がせまると、丸くなります。落ち葉を食べます。

♦大きさ ♣日本での分布 ■見られる時期 ★特徴 ☀危険

スイバの葉を食べたのはだれだ!?

スイバの葉がボロボロに…。スイバの葉をこんなにしたのはだれだ?

犯人はコガタルリハムシ!

幼虫
ぼくで〜す。

成虫
親子ともども スイバを 食べま〜す。

コガタルリハムシ
◆5〜6mm ♣本州、四国、九州 ■3〜11月
★成虫はるり色に光り、とてもきれいです。

幼虫
わたしは、群れません。

成虫

ベニシジミ
◆27〜35mm ♣北海道〜九州 ■3〜11月
★地面からあまりはなれずに、低いところを飛びます。

豆ちしき　ベニシジミは川原や堤防などで、よく花にくるのが見られるチョウです。

おたまじゃくしを つかまえよう

春――春に見つけよう

春の田んぼや池にはおたまじゃくしがいっぱいいます。また、たまごを産みにきたカエルも、池や田んぼのまわりでよく見かけます。たもあみでとって、調べてみましょう。

池の中をおたまじゃくしが泳いでいました。

つかまえてみると、アマガエルのおたまじゃくしでした。

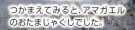

豆ちしき　おたまじゃくしは、田や沼にいるものと、川にいるものがいます。

用意するもの

- たもあみ
- えものを入れるもの（小さなバケツなど）
- 長ぐつをはいた服装

やってみよう

すくい方
水の底をあみでガサガサとすくい上げます。

場所をかえる
水のきれいな池、どろの池、田など、場所をかえて、すくってみましょう。

こんな生き物もいるよ

カワニナ
◆殻高約3cm ♣日本各地 ★川や池、沼、田などにいます。

マルタニシ
◆殻高約6cm ♣日本各地 ★田や沼、小川などにいます。からは、やや緑がかった黒かっ色です。食用になります。

カブトエビ
◆約3cm ♣本州以南 ★水田にいます。エビやカニのなかまです。

ホウネンエビ
◆1.5〜3cm ♣本州以南 ★水田にいます。背を下にして泳ぎます。

豆ちしき カブトエビは、上から見ると、おたまじゃくしのように見えます。

春 ── 春に見つけよう

きみがつかまえた
おたまじゃくしはどれ？

おたまじゃくしはどれもよく似ていますが、どのカエルのおたまじゃくしか、見分けることができます。この図を見て、つかまえたおたまじゃくしがどれか、調べてみましょう。

体の大きさは2cm以下で、黒い → **ニホンヒキガエル**

◆8〜18cm ♣本州、四国、九州など
★平地にも山地にもすんでいます。産卵場所は池や沼などで、一度に8000〜14000このたまごを産みます。☀

スタート

体の大きさは中くらい
- **目がはなれている。尾びれは頭までとどく** → **成長したら内臓が見えない**
- **目がはなれていない。尾びれは頭までとどかない** → **成長しても内臓が見える** → **ウシガエル**

体の大きさは10cm以上になり、褐色と黒のもようがある

◆12〜18cm ♣日本全土 ★池や沼、川などにすんでいます。おたまじゃくしの状態で約1年すごします。

*この検索表は、「新ポケット版学研の図鑑自然観察」をもとに、文一総合出版の「オタマジャクシハンドブック」を引用・参考にして作成しています。

豆ちしき　ウシガエルは、特定外来生物のため、飼うことは禁止されています。

ニホンアマガエル
◆3〜4cm ♣北海道〜九州 ★おもに低い木や草の上にすみます。ふつうに見られます。

口先が長い

トノサマガエル
◆3.8〜9.4cm ♣関東平野と仙台平野をのぞく本州、四国、九州 ★水田や小川にすみ、昼間にもよく活動します。

尾に黒と白の小さな点があり、尾が急に細くなる

ツチガエル
◆3〜6cm ♣本州、四国、九州 ★背中にたくさんのいぼがあり、さわるとザラついています。

口先が短い

尾に大きな黒い点があり、尾が急に細くならない

ヌマガエル
◆2.9〜5.4cm ♣本州関東地方以西、四国、九州など ★水田でよく見られます。

尾が急に細くならない

ニホンアカガエル
◆3.4〜6.7cm ♣本州、四国、九州 ★草むらや水田、森林にすみ、昼間でも見られます。

尾が先で急に細くなる

シュレーゲルアオガエル
◆3.5〜5.3cm ♣本州、四国、九州 ★平野から山地まで、水田のまわりなどに多くいます。

豆ちしき　アマガエルとシュレーゲルアオガエルは、目の近くのすじで見分けられます。

春 — 春に見つけよう

おたまじゃくしを飼ってみよう

　田や池にいるおたまじゃくしは、金魚と同じように飼うことができます。でも、やがてあしが生え尾が消えて小さなカエルになるころには、水中から出る石などの陸地が必要です。

水
よごれたら、とりかえましょう。

えさ
ゆでたホウレンソウのほか、金魚や草食の熱帯魚のえさ。

じゃり
底にじゃりをしきます。

アマガエルを飼ってみよう

　アマガエルは水につかりません。飼育容器に水たまりをつくらなくても飼えます。楽に飼える方法を紹介します。

観葉植物
カエルがとまるものです。

アマガエル

水を入れた容器
カエルが飲む水を入れます。

コオロギ
カエルのえさです。カエルには小さな昆虫をあげます。

新聞紙
えさのコオロギが食べるものです。

豆ちしき　コオロギは、ペットショップで売っている、えさ用のコオロギです。

両生類図鑑

カエルやイモリのなかまを「両生類」といいます。カエルもイモリも、子どもは水の中で育ちます。
　ここでは、身近ではあまり見られないカエルや、すんでいるところがかぎられているカエルとイモリをとりあげました。

カジカガエル
◆3.7〜6.9cm ♣本州、四国、九州 ★山地の川ぞいの森林にすみ、5〜8月ごろ清流で産卵します。

モリアオガエル
◆4.2〜8.2cm ♣本州、四国 ★森林の湿原などにいます。4〜7月ごろ、水辺の木にのぼり、黄白色のあわにつつまれたたまごのかたまりを産みつけます。ふ化した幼生は、下の池に落ちて水中で育ちます。

ヤマアカガエル
◆約8cm ♣本州、四国、九州 ★なだらかな丘のあるところや山地の森にすみます。

トウキョウダルマガエル
◆3.8〜9.7cm ♣仙台平野、関東平野、新潟県、長野県 ★水田や小川、沼などにすんでいます。

アカハライモリ
◆7〜14cm ♣本州、四国、九州 ★水田や小川、池、沼などにすんでいます。☀

豆ちしき　ヤマアカガエルは、平地にもいることがあります。

春 —— 春に見つけよう

いろいろな両生類のたまご

両生類のたまごは、ゼリーのようなものにつつまれて、産まれます。そのゼリーのようなものは、種類によって状態がちがいます。それで種類がわかります。

ニホンアカガエル

たまごの1つ1つが丸いゼリーのようなものにつつまれ、ひとかたまりに集まっています。

トウキョウサンショウウオ

たまごは、長いゼリーのようなものにつつまれています。水草にからみつきます。

ニホンヒキガエル

長いゼリーのようなものの中にたくさんのたまごが入っています。

ニホンアマガエル

5〜30こくらいのかたまりが水草などにくっついています。

こんなのを見つけたよ

下の写真は、いずれもヒキガエルです。一方はおたまじゃくしが集まったもの、もう一方は陸に上がったヒキガエルの子どもです。

ニホンヒキガエルの、おたまじゃくしが何百ぴきも集まってかたまりになったものです。水が少なくなったり、おたまじゃくしが息ができなくなったりしたときに見られます。このようになったら、ほかの池にうつしてあげましょう。

あしが生えそろったばかりのニホンヒキガエルの子どもです。このカエルは、おとなになると大きくなりますが、この時期はとても小さく、1cmにもなりません。

豆ちしき　ヒキガエルは、成長すると水辺からはなれます。産卵の時期だけ水辺にきます。

水(みず)

川や池、海に行くときのやくそく

- 大人といっしょに行きましょう。子どもだけでは危険なので、絶対に行ってはいけません。
- 波がかかるところなど、危険なところには、絶対に行ってはいけません。「立ち入り禁止」の看板のあるところや、さくがあるところに立ち入ってはいけません。
- 深いところに行ってはいけません。潮の干満に注意しましょう。
- 正体のわからないものには、さわってはいけません。
- できるだけ、長そで、長ズボンの服装で、すべりにくい長ぐつをはきましょう。手ぬぐいなどの布を長ぐつにまくと、すべりにくくなります。
- ぬれた石やコンクリートはすべりやすいので注意しましょう。
- 脱水症状が出ることがあるので、水はこまめに飲みましょう。

水──水の生き物を見つけよう

水の生き物を見つけよう

水の生き物には、魚やエビなど、みんなが好きな生き物がいます。魚はなかなか見ることはできませんが、つりをしたらつかまえることができます。えさをかえたり、場所をかえたりして、たくさん観察しましょう。

川・池で遊ぼう

流れが好きなオイカワや、流れのないところにいるフナなど、川と池ですむ魚がかわってきます。また、ザリガニなどもすんでいます。

アメリカザリガニ

オイカワ

カゲロウの幼虫

ヌマエビ

ギンブナ

モツゴ

コイ

豆ちしき　日本にいるコイの大部分は大陸からの帰化生物と考えられています。

海で遊ぼう

海には砂浜、河口、ごつごつした岩の多い磯など、いろいろな環境があります。それぞれ見られる生き物がちがいます。また、いろいろな色や形の貝を見ることができます。

カメノテ

ムラサキウニ

アサリ

ガンゼキボラ

ボラ

ネンブツダイ

マハゼ

豆ちしき　海にいる生き物には、食べておいしいものがたくさんいます。

つりをして、魚を観察しよう

水──水の生き物を見つけよう

楽しくつりをして、自然観察をしましょう。しかけを何でもつれるものにすると、数種類の魚を観察することができます。そこにどんな魚がいるかわかります。つりをしていると、近くに鳥などがよってくることもあります。

しかけ

ここでは、海でも川でもつかえる、玉うきづりのしかけを紹介します。必要なものは、さお、糸、スイベル、うき、うきどめ、ハリスのついたはりだけです。つった魚を入れるバケツや、観察するケースももっていきましょう。

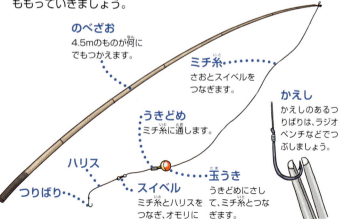

のべざお
4.5mのものが何にでもつかえます。

ミチ糸
さおとスイベルをつなぎます。

かえし
かえしのあるつりばりは、ラジオペンチなどでつぶしましょう。

うきどめ
ミチ糸に通します。

ハリス

つりばり

スイベル
ミチ糸とハリスをつなぎ、オモリにもなります。

玉うき
うきどめにさして、ミチ糸とつなぎます。

豆ちしき　スイベルがないときは、サルカンでもかまいません。

用意するもの

市販のしかけでじゅうぶんです。自分でつくるときは、玉うき5号とスイベル5号をつかうと、オモリがいりません。

市販のしかけ

玉うき(5号)

スイベル(5号)

つりばり(3号)
ハリスがついたもの。

ミチ糸(1〜1.5号)

うきどめ
切ってつかいます。

しかけまき

糸の結び方

ミチ糸とさおをつなげるときなど、糸の結び方は大事です。つり糸を結ぶには、ここで紹介する「エイトノット」を覚えると、強くてつかいやすいしかけをつくることができます。

❶ 先の方の糸を曲げて、2本に重ねます。

❷ 重ねた糸を指に1回まいて輪をつくります。

❸ まいたところを1回ひねります。輪ができます。

❹ 先の二重になっているところを、輪に入れます。

❺ 輪に通した先を引っぱります。

❻ ぎゅっとしめたら、輪が完成です。
糸のあまりは切る。

ミチ糸の先は…

輪が2つつながるようにします。
❻でできた輪の先を、❷❸と同じ順でまいて輪をつくります。

❹❺❻の順で、結びます。

 つりばりには、最初からかえしのないもの(スレばり)があります。

39

さおへのミチ糸のつけ方

最初は、市販のしかけをつかいます。しかけをつくるときは、ミチ糸にスイベルをつなげたあと、スイベルにつりばりのついたハリスをつなげます。

さおの先を見てみよう

買ったばかりのさおの先に、結び目がないときがあります。

そんなときは、先のひもに結び目をつけます。

さおへしかけをとりつけよう

市販のしかけは、39ページのように、ミチ糸の先に2つならんだ輪をつくると、楽にさおにとりつけることができます。

39ページの輪を折り曲げます。その輪にミチ糸を、引っぱり上げるようにして、通します。

輪とミチ糸の間に、さおの先の結び目を通します。

通したら、輪の方ではないミチ糸をぐっと引っぱります。それで完成です。

ミチ糸を、さおからはずすときは…

この結び方だと、さおの先に、ちょこんと輪が出ます。それを引っぱると、ミチ糸ははずれます。

さおの先の、しかけの小さな輪を引っぱると、すぐにしかけがさおからはずれます。

豆ちしき　しめたミチ糸の輪が、さおの結び目に引っかかるため、はずれません。

しかけのつくり方

　つりばりのついたハリスをスイベルにつけたり、自分でしかけをつくったりするときは、39ページのようにミチ糸とハリスで輪をつくり、スイベルとつなげましょう。

ハリスをつけるときは…

　スイベルの輪にハリスの輪を通し、ハリスの輪にはりを通します。

スイベルの輪に、39ページでつくったハリスの輪を通します。

ハリスの輪にはりを通して引っぱります。

ぎゅっとしめたら完成です。

スイベルにミチ糸をつけるときは…

　スイベルの輪にミチ糸の輪を通し、通した輪にスイベルを通します。

まず、39ページの輪をつくったミチ糸に、うきどめを通します。

スイベルの輪に、ミチ糸の輪を通します。

通したミチ糸の輪に、スイベルを通します。それをしめると、かたく結ばれます。

あと片づけは大事！

　残ったえさなどをしっかり片づけて帰りましょう。
　また、しかけの糸がからまるとつかえなくなるので、しかけまきにまきましょう。

しかけまきには、長方形のものと、丸いものがあります。丸いものはミチ糸やハリスにくせがつきません。最初にはりをひっかけてきます。

うきはまん中に。

はりがよく引っかかるので、ハリスつきのはりはよぶんにもっていきましょう。

池でつりをしてみよう

水 ── 水の生き物を見つけよう

池には、コイ、フナなどの魚がすんでいます。
どんなえさでつれるか、場所はどこがいいのか、
いろいろためしながら、つりをしましょう。

池の深さをはかろう

池の魚は、まん中くらいを泳ぐ魚もいますが、多くは底の近くを泳いでいます。うきからはりまでを池の底くらいにとどくように、うきの位置を調整しましょう。

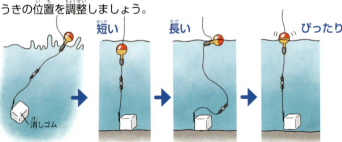

約1.5cm角に切った消しゴムをはり先につけます。それを池に入れます。

うきがしずんでいく場合、うきをさお先に近づけて、うき下を長くします。

うきがういて横をむく場合、うきをはりに近づけて、うき下を短くします。

うきがしずむかしずまないかになったら、消しゴムをはずして、えさをつけましょう。

豆ちしき　池でつるときは、つっていいところかどうか、確かめましょう。

しかけを池に入れよう

さおのしなりを利用すると、しかけを遠くに投げることができます。はりが体などにささらないように注意しましょう。

さおを右手にもって立て、左手でスイベルをもちます。しかけを入れる方向にさおを向けて、スイベルを引き、さおを少し曲げます。

うきをはなして、さおが元にもどる力をつかって、しかけを池に投げ入れます。

あとはうきを見て…

池にうかぶうき。

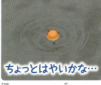
魚がえさをつつき出したうき。

魚がえさを飲みこんだうき。

やってみよう！

えさをかえてみよう

えさは、パンを丸めたもの、サシ（つり具店で売っています）、ミミズ、チューブ入りのねりえ、5mmに切ったうどんやスパゲティがあります。つれる魚がかわるかな？

ポイントを移動しよう

水草が生えているところや、木のかげなどでは、つれる魚の種類や大きさがかわるかもしれません。いろいろなポイントでつってみましょう。いつごろ、どこで、どんな魚がつれたかの地図をつくりましょう。

豆ちしき　「サシ」とは、ハエの幼虫であるうじです。赤サシと白サシがあります。

川でつりをしてみよう

水 —— 水の生き物を見つけよう

　川では、春先から秋までつりをすることができます。流れが急なところ、ゆるやかなところなど、しかけを投げこむところをいろいろかえて、つりをしてみましょう。

こんなポイントをねらおう

　川にいる魚は、流れてくる虫を食べています。流れの中心や、流れが落ちこむところなどがしかけを入れるねらい目です。

流れがないところ
流れがないところが好きなフナやコイがいます。

流れがゆるやかなところ
上の方から虫が流れてくるので、魚が泳いでいます。

波立って流れているところ
流れがはやいと虫が流れてくるので、大きな魚が集まります。

大きな石が沈んでいるところ
魚はかくれている近くで流れがあると、そこで虫を食べます。

岩の間やコンクリートのかげ
かくれる場所があるので、いろいろな魚がいて、虫を食べにきます。

豆ちしき　多くの河川や湖沼でつるときは遊漁券が必要です。

川に近づくときは…

足音がすると、川の魚は逃げてしまいます。できるだけ、静かに歩きましょう。

用水路でもつれる！

川だけでなく、田に水を流す用水路にも魚がいます。ここでは、ポイントによって川や池にすむ魚がまじってつれることがあります。

田に水を流すための用水路です。

サシでタモロコがつれました。

川の上流と中流、下流でつってみよう

川の上流、中流、下流では、すんでいる魚の種類がかわってきます。上流の方にはニジマスやヤマメ、中流にはオイカワ、下流には池と同じコイやフナなどがいます。えさをかえながら、上流、中流、下流とうつってつりをして、つれた魚を地図にまとめましょう。

上流
ヤマメやニジマスなど、水が冷たく流れの速い川が好きな魚がいます。

中流
オイカワやウグイ、ヌマチチブなど、いろいろな魚がいます。

下流
ゆるい流れが好きなフナやモツゴ、コイなどがいます。河口まで行くと、ハゼ、ボラなどもいます。

 漁協の人がきたら川づり1日券を買いましょう。

水 ── 水の生き物を見つけよう

あみですくってみよう

川や浅い池で、たもあみをつかって、いろいろな生き物をつかまえてみましょう。魚のほか、エビなどもとれます。

岸にある草の根元をガサガサしながら、すくっていきます。

やり方

ふつうにすくっていたらつかまえられないので、最初は岸にある草の下をガサガサとあみをすすめながら、すくってみましょう。

とれるもの

メダカやエビ、やごなど、つれないものもとることができます。場所をかえながらすくっていきましょう。

ヌマエビ

メダカ

ヨシノボリ

草の根元には小さな魚やエビなどがかくれています。川や池の中から上流に向かって、岸側に向けてすくっていくと、逃げるところが少なくなるので、とりやすくなります。

豆ちしき　魚をとるときは、あみを2本用意して、一方のあみに追いやるようにします。

あみの中で石を洗ってみよう

川の中には、カゲロウやカワゲラ、トビケラ、ヘビトンボなどの昆虫の幼虫がすんでいます。これらを水生昆虫といいます。カゲロウやカワゲラが多くすんでいる川は、水がきれいな川です。水のきれいさを調べてみましょう。

石の下にいたカゲロウの幼虫

やり方

水生昆虫は泳げるものもいるので、しずかに川に入り、大きめの石の下流側にあみをおきます。それからその石をあみに入れ、ひっくりかえすと、石についている水生昆虫があみの中に流れこみます。

あみの中に、すばやく石を入れます。

石の表面を軽く洗うような感じで、すすいだりこすったりします。

いっぱいいた！
それをパッドに入れます。くりかえすと…。

おおまかな見分け方

トビケラのなかまの幼虫は、石や落ち葉などで巣や体を入れるケースをつくります。ほかの幼虫は、えらがあるところなどで見分けます。

大あごが大きい
長いえら
あしが短い
ヘビトンボの幼虫

腹にえらが目立つ
おなかの先に毛が2〜3本
カゲロウの幼虫

腹にえらが見えない
おなかの先に毛が2本
カワゲラの幼虫

ここにのせた昆虫は、つりをするときのえさになります。

ザリガニをつってみよう

水 —— 水の生き物を見つけよう

アメリカザリガニは、町の公園の池や用水路などでたくさん見られます。かんたんなしかけでつることができます。楽しいですから、やってみましょう。

しかけ

1.5mくらいのしっかりしたぼうとたこ糸、するめがあれば、すぐにつくれます。

園芸用の支柱
たこ糸
するめ（糸に結ぶ）

つり方

ザリガニを見つけます。ザリガニは逃げるときに泥をまき上げるので、それでおおよそいる場所の見当をつけます。

えさを入れると、ザリガニはえさによってきて、片方のはさみではさんできます。まだしかけを上げるのを待ちましょう。

ザリガニが両方のはさみでえさをはさんだら、ゆっくり引き上げましょう。ザリガニはつり上げられても、えさをはなそうとしません。

豆ちしき どこでたくさんつれたか、地図をつくってみましょう。

水辺で気をつけること

池や川で遊ぶのは楽しいですが、危険もあります。次のことに気をつけて遊びましょう。また、必ず大人といっしょに行きましょう。

危険・有毒な生き物に注意

川や池のまわりでは、マムシを見ることがよくあります。よく見て、いないことを確認してから歩きましょう。

マムシ 毒ヘビです。
ブユ さしてきます。
ギギ ヒレにあるとげがささると、はれてきます。

増水に注意

上流で雨がふると、急に、川の水がふえてきます。上流で雨がふっているようだったら、すぐに岸に上がりましょう。また、上流のダムが水を流すことがあるので、前もって調べておきましょう。

サイレンの音や「ダム放流注意」の看板に注意しましょう。

石や池底・川底に注意

すべりやすい石や、もが生えてすべりやすくなった石があります。確かめてから上がりましょう。また、池や川に入ったとき、ズブズブとくつが入っていくことがあります。たもあみのえなどをさして、土のかたさや深さを確かめましょう。

豆ちしき　上流の山々に黒い雲がかかっていると、川の水がふえてとても危険です。

池にいる生き物図鑑

池には、流れない水やおだやかな流れが好きな魚がいます。また、タニシなどの貝もすんでいます。

コイ
◆約80cm ♣日本全土 ▲池や沼、流れのゆるい川 ★何でも食べてしまいます。食用魚。

モツゴ
◆約6cm ♣関東地方以西の本州、四国、九州 ▲流れのゆるやかな川や池、沼 ★3〜8月に産卵し、おすがたまごを守ります。別名「クチボソ」。

ギンブナ
◆約25cm ♣日本全土 ▲川や池、沼 ★3〜6月に産卵し、めすだけでふえます。食用魚。キンブナとあわせて「マブナ」とよばれます。

メダカ
◆3.2〜3.4cm ♣日本全土 ▲流れのゆるい小川や、池、沼 ★大きくわけるとキタノメダカとミナミメダカがいます。

カダヤシ
◆3〜4cm ♣東北地方南部以南 ▲浅い池、沼、溝 ★アメリカ原産。力の天敵として世界中に移入されました。特定外来生物に指定されています。

チチブ
◆約9cm ♣北海道〜九州 ▲池や川の河口など ★雑食です。

ヌマエビ
◆約3cm ♣本州〜沖縄諸島 ▲池や水田、川 ★よどみにある水草の間にすみます。

◆大きさ ♣日本での分布 ▲生息域 ★特徴

川・用水路にいる生き物図鑑

川には、きれいな水が好きな魚や、空気がたくさん入った水が好きな魚がすんでいます。

オイカワ
◆約13cm ♣関東地方以西の本州、四国、九州 ▲川の中・下流 ★体に横じまがあります。

ヤマメ
◆約30cm ♣関東地方以北の太平洋側と日本海側全域。屋久島以北の日本各地に移植 ▲水のきれいな川の上流 ★体にまだらもようがあります。

ウグイ
◆約25cm ♣日本各地 ▲河川、内湾など ★海に下るものもいます。また、海の近くでつれることもあります。

タモロコ
◆約7cm ♣関東地方以西の本州、四国 ▲湖や川、池などのよどみ ★4～7月に産卵します。

カワムツ
◆約15cm ♣関東地方以西の本州、四国、九州 ▲川の上・中流 ★オイカワに似ていますが、黒い帯がはっきりしています。

アブラハヤ
◆約10cm ♣岡山県以東の本州 ▲おもに川の上・中流 ★体の表面のぬめりが強いので、「アブラ」の名がつきました。

マシジミ
◆殻長約4cm ♣本州～九州 ▲水のきれいな川の砂地 ★若い貝は黄緑色、成長すると黄色みを帯びた黒色になります。

サワガニ
◆甲幅約2.5cm ♣青森県～屋久島 ▲水のきれいな川の上流 ★水中や岸辺の石や落ち葉の下にひそみ、水生昆虫、魚の死がいなどを食べます。

豆ちしき スーパーなどで売っているシジミは「ヤマトシジミ」で、河口付近でとれます。

川や池にいる鳥図鑑

川や池では、魚などを食べにきた鳥などを見ることができます。魚などといっしょに、鳥も観察しましょう。

水──水の生き物を見つけよう

ダイサギ
◆80〜104cm、翼開長140〜170cm ♣関東地方以南 ♥魚、ザリガニ ★夏には美しいかざり羽が背中に生え、それを広げて求愛します。

ゴイサギ
◆56〜65cm、翼開長105〜112cm ♣日本全土 ♥魚、ザリガニ ★昼は林などで集団になってねぐらで休み、夜に水辺でえさをとります。

アマサギ
◆46〜56cm、翼開長88〜96cm ♣日本全土 ♥バッタ ★ウシなどの動物、最近ではトラクターのあとについていき、飛び出す虫をとります。

アオサギ
◆90〜98cm、翼開長175〜195cm ♣日本全土 ♥魚、カエル、昆虫 ★大型のサギで、集団で高い木の上に枝を重ねて巣をつくります。

カワセミ
◆約16cm ♣日本全土 ♥魚、エビ ★空中や川の近くの枝から水中のえものをさがし、水中に飛びこんでとらえます。

オオヨシキリ
◆18〜19cm ♣九州以北 ♥昆虫、クモなど ★おすはなわばりの上空を飛びながら、「ギョギョシ」と鳴きます。

◆大きさ ♣日本での分布 ♥食べ物 ★特徴

オシドリ
- ♦41〜51cm
- 🍀日本全土
- ♥どんぐり、木の実
- ★おすの羽は色あざやかで、めすの羽は地味な茶色です。

カルガモ
- ♦58〜63cm
- 🍀日本全土
- ♥草の実
- ★日本各地で見られます。都会の公園にもいます。

マガモ
- ♦50〜65cm
- 🍀日本全土
- ♥草の実や種
- ★多くのところでは、冬から春早くまで見られます。

カイツブリ
- ♦25〜29cm
- 🍀日本全土
- ♥小魚、水生昆虫、エビ
- ★都会の公園にもいて、おすとめすでたまごをだき、ひなを育てます。「キリリリリ」と鳴きます。

ムナグロ
- ♦23〜26cm
- 🍀日本全土
- ♥ミミズ、昆虫
- ★背中の羽はまだらもようで、腹側は黒や黄かっ色です。

ハクセキレイ
- ♦約20cm
- 🍀日本全土
- ♥昆虫やクモなど
- ★「チュチン、チュチン」、飛んでいるときは「チチッ」と鳴きます。

豆ちしき　オシドリは、大きな木の高いところにあるあななどに巣をつくります。

水 —— 水の生き物を見つけよう

海でつりをしてみよう
——河口

河口では、川の魚と海の魚のどちらもつれます。海の魚は、食べておいしい魚が多くいます。つってみましょう。

つりのポイント

急に深くなっているところや、流れがよれているところをねらってみましょう。

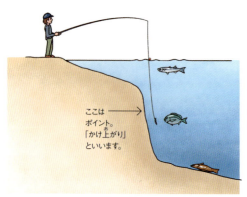

ここはポイント。「かけ上がり」といいます。

海では、底を泳ぐ魚と、まん中付近や水面近くを泳ぐ魚がいます。うき下をかえて、ためしてみましょう。

◆大きさ ♣日本での分布 ▲生息域 ★特徴

ハゼがつれた

コトヒキがつれた

河口にいる魚図鑑

　河口では、小さな魚だけでなく、ボラやスズキのような大きな魚もつれます。

マハゼ
◆約20cm ♣北海道〜九州 ▲河口など底に砂や泥があるところ ★水の底の方にいます。

ボラ
◆約50cm ♣日本全土 ▲沿岸から河川 ★胸びれのつけ根に青色のもようがあります。

コトヒキ
◆約30cm ♣日本全土 ▲沿岸の浅い海や河口域 ★うき袋をのび縮みさせて音を出します。

カレイ
▲底に砂や泥がある海 ★平べったい体をしています。水の底の砂の上で、上にきたえものをねらいます。

クロダイ
◆約50cm ♣北海道〜九州 ▲沿岸や内湾、汽水域 ★河口のほか、磯などにもすんでいます。

スズキ
◆約80cm ♣北海道〜九州 ▲沿岸から汽水域 ★大きな口で、えものを食べます。つりでは引きが強い魚です。

豆ちしき　汽水域とは、海水と川の水がまざっているところです。

水──水の生き物を見つけよう

海でつりをしてみよう
──堤防

堤防は、安全に海のそばまで行けるところです。いろいろな魚がつれます。海底が砂か岩かによって、すんでいる魚がかわってきます。

堤防は場所によって、いる魚がちがう

堤防は深さや底の状態などで、いる魚がかわってきます。いろいろな場所でつってみましょう。また、うき下もかえてみましょう。干潮や満潮のかわり目で海水面の高さに変化がないときはつれにくく、潮が動いているときはつれやすくなります。

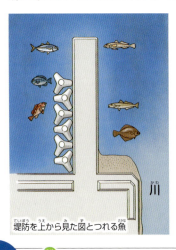

堤防を上から見た図とつれる魚

魚によってえさをかえよう

イソメ、オキアミのほか、魚の切り身、食パンの白いところを丸めたものなどでもためしてみましょう。

豆ちしき　「潮」とは、海の水の流れをいいます。満潮や干潮のときは流れません。

マサバだ！

メジナだ！

堤防にいる魚図鑑

　堤防では、磯の魚、沖を泳ぐ魚など、いろいろな魚がつれます。また、海の底が砂地だと、河口にすむ魚がつれます。

マアジ
◆約30cm ♣日本各地 ▲沿岸から沖合 ★堤防から群れが見えることがあります。

マサバ
◆約50cm ♣北海道〜九州 ▲沿岸を回遊 ★春から初夏に産卵します。ふつう、サバとよばれるのは、この魚です。

メジナ
◆約40cm ♣関東地方以南 ▲沿岸の岩礁域 ★幼魚は堤防や潮だまりなどで見られます。

カタクチイワシ
◆約15cm ♣北海道〜九州 ▲沿岸や内湾 ★カタクチイワシを追って堤防近くにきた、大型の魚がつれることがあります。

オヤビッチャ
◆約17cm ♣本州以南 ▲サンゴ礁や岩礁域 ★5本の黒い帯が特徴です。

カワハギ
◆約20cm ♣本州、四国、九州 ▲沿岸の岩礁域 ★かたい口で、貝などを割って食べます。

豆ちしき 底が砂地の堤防では、ハゼなどもつれることがあります。

海でつりをしてみよう——磯

水——水の生き物を見つけよう

磯には生き物がたくさんいます。それを食べる魚も多くいて、つりをするには楽しいところです。しかし、波が強くなることがあるので、気をつけましょう。

磯も場所によって、いる魚がちがう

磯では、潮だまりや岩のかげ、磯の外の海で、いる魚がちがってきます。えさもイソメだけでなく、サンマの切り身、アサリのむき身や、カニ、ヤドカリなどもためしてみましょう。

豆ちしき　ためしに、貝やエビなど、磯にいる生き物をえさにして、つってみましょう。

磯にいる魚図鑑

ここにのせた魚は、磯にいる魚の一部です。

カゴカキダイ
◆約20cm ♣本州以南 ▲岸近くの岩礁域 ★幼魚は潮だまりで見られます。

カサゴ
◆約25cm ♣北海道～九州 ▲沿岸の岩礁域 ★岩の下などにいます。魚の切り身などでつります。☀

キュウセン
◆約30cm ♣北海道～九州 ▲内湾の岩礁域や砂地 ★おすとめすで体色がかわり、アカベラやアオベラとよばれます。

イシダイ（幼魚）
◆約50cm ♣日本全土 ▲沿岸の岩礁域 ★かたい口で、フジツボや貝などを割って食べます。

ネンブツダイ
◆約12cm ♣本州以南 ▲内湾の岩礁域 ★7～9月に産卵します。群れています。

クサフグ
◆約10cm ♣日本全土 ▲沿岸の浅い海 ★河口でも堤防でもつれます。☀

ウミタナゴ
◆約20cm ♣本州以北 ▲沿岸の岩礁域やも場 ★5～6月にめすはたまごでなく、30ぴき前後の稚魚を産みます。

ブダイ
◆約40cm ♣本州以南 ▲水深10mまでの岩礁域やも場 ★体色がよく変化します。

豆ちしき　ネンブツダイは、おすが口の中でたまごを守ります。

水――水の生き物を見つけよう

磯で遊ぼう

磯には魚のほかにも生き物がたくさんいます。あみをつかったり、手づかみしたり、マイナスドライバーをつかったりして、どんな生き物がいるか、つかまえてみましょう。

よし、やるぞ〜

水中メガネでのぞいて

あみもつかって…

とった！

ウミウシ〜！

キヌバリ〜！

タコ、つかまえた！

これ、全部食べられるの！

わたしがとったよ！

ムラサキウニ

タカラガイ

あとは、巻き貝。煮て食べるとおいしいよ！

カニ

イモガイ

貝はマイナスドライバーをつかってとる

磯には岩にはりついている貝がいます。カサガイやトコブシ、ヒザラガイは手ではがせません。また、カキなども手ではがせません。マイナスドライバーをつかってとります。

カサガイなどは、ふつうはしっかりと岩についておらず、貝がらと岩の間に少しすき間があります。

そのすき間に、岩の面にそって、そっとすばやくマイナスドライバーの平らな先をさしこみます。

マイナスドライバーを上げると、貝がとれます。失敗すると、貝が岩にへばりついてとれなくなります。

先は岩につける

カキなどは、岩についているところをマイナスドライバーでそぎ落とします。ただし、岩にべったりくっついていることがよくあります。

食べるためにとる場合、貝がらのすき間にマイナスドライバーをつっこんで、貝をあけ、身だけをとり出します。

豆ちしき 「磯がね」という、磯で貝などをとる道具があります。

水 ── 水の生き物を見つけよう

磯にいる生き物図鑑

磯には貝や魚のほか、カニ、エビ、ナマコ、ウニなど、いろいろな生き物がすんでいます。潮が引いたとき、出てきた岩場を見ると、貝がひそんでいることがよくあります。

イソギンチャク

★磯でよく見られます。触手には毒があります。☀

イトマキヒトデ

◆約7cm ■北海道〜九州 ▲浅い海の岩礁 ★磯でふつうに見られるヒトデです。全体が五角形の「糸まき」のような形です。

ムラサキウニ

◆殻径7cm、とげの長さ4cm ■本州〜九州 ▲浅瀬の岩の下やくぼみ ★紫色のウニで、本州沿岸でよく見られます。

マナマコ

◆約30cm ■北海道〜九州 ▲浅い海の岩礁 ★体の色は赤のほか、黒や緑色などのものがいます。

ガンゼキボラ

◆殻高約7cm ■紀伊半島以南 ▲潮間帯の岩礁など ★貝類を食べます。

ヤクシマダカラ

◆殻高約5cm ■房総半島以南 ▲潮間帯より少し深い岩礁やサンゴ礁 ★灰かっ色の地にクリ色のもようがあります。

◆大きさ ■日本での分布 ▲生息域 ★特徴 ☀危険

カサガイ
★からは高く、放射状のすじの上には、つぶつぶがならんでいます。

エガイ
◆殻長約5cm ◆房総半島以南 ▲潮間帯の岩礁やサンゴ礁 ★からの皮は毛のようになっています。

シロウミウシ
◆約3cm ◆本州以南 ▲潮間帯中部～下部 ★黒いもようがあり、触角とえらがだいだい色です。

マダコ
◆約60cm ◆本州以南 ▲潮間帯～100mの岩礁 ★岩かげのくぼみやあなをすみかにしています。夜行性で、エビやカニ、貝などを食べます。

カメノテ
◆体長3～4cm ◆北海道南部以南 ▲潮間帯上部 ★岩の割れ目に群がってすんでいます。体の上部はカメの手に似た形のからでおおわれ、下部は柄になっています。

フジツボ
★エビやカニに近いなかまです。ところによっては食べます。

豆ちしき　潮間帯とは、満潮になったときの海水面と干潮のそれとの間です。

潮干狩りで楽しもう

水——水の生き物を見つけよう

潮干狩りに行くと、アサリやハマグリなどの貝がとれます。また、スナガニなどのカニも見ることができます。

あながいっぱいあいているところをほると…

出てきた〜!

とったアサリをならべてみると…

ホンビノスという貝もいたよ!

同じ種類なのに、からのもようや色は、いろいろありました。

やってみよう

→

とったアサリを海水の中にまいてみよう。どうなるのかな? どれがいちばん先にもぐるかな?

豆ちしき　砂地にあるあなは、アサリが呼吸をするためのものです。

砂にあなをあけたのはだれだ!?

砂浜をよく見てみると、あながあいていたぞ。あなのまわりには、丸くなった砂がいっぱい！ だれのしわざだ？

ぼくで〜す。
コメツキガニ
チゴガニ
わたしもします。

ばれた？
スナガニ

砂浜にいる貝図鑑

アサリ
◆殻長約4cm 🍀日本全土 ▲内湾の砂地や泥地の干潟 ★からの色やもようはさまざまです。

ハマグリ
◆殻長約8.5cm 🍀北海道南部〜九州 ▲内湾の淡水の影響のある干潟 ★からの色やもようはさまざまです。

ツメタガイ
◆殻高約9cm 🍀日本全土 ▲潮間帯の砂や泥の海底 ★二枚貝や巻き貝に歯舌であなをあけて、肉を食べます。

バカガイ
◆殻長約8.5cm 🍀北海道〜九州 ▲内湾の潮間帯〜水深20mの砂地や泥地 ★中身は黄だいだい色です。

アカガイ
◆殻長約12cm 🍀北海道南部〜九州 ▲内湾の泥地 ★からはうすく、丸くふくらみ、からの表面は黒かっ色です。

マテガイ
◆殻長約12cm 🍀北海道南部〜九州 ▲内湾の潮間帯の砂地や泥地 ★砂や泥にもぐっています。あなに塩を入れると、飛び出してきます。

豆ちしき　カニのあなのまわりの丸い砂だんごは、カニがあなをほったときに外に出したものです。

水 ― 水の生き物を見つけよう

砂浜で見つけよう

砂浜では、いろいろな貝がらや流れてきた木などが見つかります。それをよく見ると、今まで気づかなかった発見があります。貝がらや木をさがしてみましょう。

いろいろな貝がらが見つかった！

近くにすんでいた貝の貝がらが流されてきます。それを集めてすみ場所を調べると、自由研究にもなります。

木をひっくりかえすと……

砂浜にある木をひっくりかえしてみましょう。いろいろな生き物が出てきます。

ワラジムシのなかま

ヨコエビのなかま

グソクムシのなかま

ハマベハサミムシ

豆ちしき　砂浜でも岩場にすむ巻き貝の貝がらをひろうことができます。

貝とカニが出てくる、不思議な砂浜

上の写真は、太平洋に面した、とある砂浜です。ここでは、波がきて、引くたびに、貝とカニが出てきます。貝とカニはあわてて砂にもぐっていきました。
もし、太平洋などの外海に面した砂浜に行くことがあったら、波打ち際をよく見てみましょう。

波がきて…、引いたら…、

カニが！

必死に砂にもぐっている！

もぐっていった！

目しか見えなくなった！

貝が出た！

おやっ、立ってきたぞ！

もぐっていった！

ナミノコガイ
◆殻長約2.5cm ♣相模湾、富山湾以南 ▲外洋に面した砂浜 ★潮の満ち引きのときに、砂の中から飛び出し、波に乗って潮間帯を上下に移動します。

キンセンガニ
◆甲幅4.5cm ♣東京湾以南 ▲内湾の砂地 ★歩くあしは4対とも先が平らで、それぞれ形がちがいます。うまく砂にもぐったり泳いだりします。

豆ちしき　ナミノコガイは、みそ汁などにして、食べることができます。

67

水 ── 水の生き物を見つけよう

カニをおびきよせよう

カニはあしが速くて、じっくり見ることはなかなかできません。でも、魚の切れはしなどをつかって、おびきよせることができます。

ネットの中に魚の切れはしを入れて海に入れておくと…

きた〜！

やり方

潮干狩り用のネットに魚の切れはしを入れます。それを海に入れて、しばらく待ちます。

ひも
魚の切れはし

やってくるおもなカニ

ヒライソガニ
◆甲幅約2.5cm ●北海道〜九州 ▲石の多い海岸 ★石の下にかくれていてあまり出てきません。

ベンケイガニ
◆甲幅約3.5cm ●東京湾以南 ▲河口付近の岩場や海岸近くの草むら ★甲らは四角形で、横のへりに切れこみがあります。

豆ちしき　どこにどんなカニがいるのか、調べてみましょう。

68

海にいる鳥図鑑

海には、いろいろな鳥がいます。その鳥たちには、海の中の魚をとったり、海岸にうちあげられた魚の死がいを食べたりします。

コサギ

♦55〜65cm、翼開長86〜104cm ♣本州以南 ♥小魚、カエル、水生昆虫 ★黄色い指先で水をふるわせて、おどろいて飛び出す魚をとらえます。

ユリカモメ

♦37〜43cm ♣本州〜九州 ♥ミミズ、昆虫、魚、カニなど ★海岸だけではなく、都会の川や池でも見られます。

イソヒヨドリ

♦23〜25cm ♣日本全土 ♥昆虫、フナムシ、種 ★海岸の岩場で見られます。最近は内陸にもいます。

コアジサシ

♦22〜28cm ♣本州以南 ♥魚 ★空から魚を見つけると、水に飛びこんで、その魚をとります。

イソシギ

♦19〜21cm ♣日本全土 ♥昆虫、カニ、ゴカイ ★1ぴきで腰を上下にふりながら食べ物をさがします。

メダイチドリ

♦18〜21cm ♣日本全土 ♥ゴカイ、カニ、昆虫 ★春の渡りの時期には、うすい茶色の冬羽かられんが色の夏羽になります。

豆ちしき　コアジサシは、川原などにくぼみをつくって、たまごを産みます。

海の危険生物図鑑

海で遊ぶのは楽しいのですが、ときには命にかかわる危険な生き物もいっぱいいます。それらに注意しましょう。

アカエイ
◆約1.5m ♣南日本 ♠水深800mより浅い砂泥底 ★尾のとげに毒があります。食用魚です。☀

↑とげ

ウツボ
◆約80cm ♣本州以南 ♠沿岸の岩礁域 ★体に横帯があります。かまれると危険です。☀

ゴンズイ
◆約18cm ♣北海道〜九州 ♠岩礁帯など ★幼魚の体には、黄色の縦じまがあります。ひれのとげに毒があります。☀

オニカサゴ
◆約22cm ♣南日本 ♠沿岸の岩礁域 ★ひれのとげに毒があります。☀

ヒョウモンダコ
◆約10cm ♣房総半島以南 ♠潮間帯より少し深い岩礁 ★背に4列、うでの上に1列の斑紋と、青い輪があります。だ液に強い毒があるため、かまれると危険です。☀

アイゴ
◆約25cm ♣本州以南 ♠浅い海の岩礁やサンゴ礁域 ★ひれのとげに毒があります。☀

ガンガゼ
◆殻径6〜7cm、とげの長さ約20cm ♣相模湾以南 ♠サンゴ礁や岩礁 ★細長いとげに毒があります。☀

アンボイナ
◆殻高約13cm ♣伊豆諸島以南 ♠潮間帯の岩礁 ★さされると数時間で死んでしまいます。沖縄県ではハブガイとよばれています。☀

豆ちしき 磯などは危険な生き物が多く、けがもしやすいので、軍手をはめましょう。

夏 ── 夏に見つけよう

夏に見つけよう

夏はいろいろな生き物が多く活動しています。でも、やぶや林に入るときには、カやハチなどのさす昆虫や危険な生き物に注意しましょう。

公園で見つけよう

公園にはいろいろな花や木が植えられています。それらの花や木には、いろいろな生き物が集まります。

キジバト

ツバメ

ウスカワマイマイ

アオスジアゲハ

アブラゼミ

ニホントカゲ

雑木林で見つけよう

雑木林にはクヌギやコナラなど、樹液の出る木が生えています。また、林のへりにはいろいろな草が生えていて、たくさんの生き物が見つかります。

キツネノカミソリ

ヨツスジハナカミキリ

カブトムシ

ゴマダラオトシブミ

キジ

ヒカゲチョウ

セミを見つけよう

夏はセミの季節です。公園に行って、セミをさがしてみましょう。何種類見つけられるかな？

夏 —— 夏に見つけよう

セミは何びきいる？

サクラの木にアブラゼミがとまっています。右の幹に何びきとまっているかな？
（答えは77ページ）

セミの羽化を見てみよう

夏の夜に、セミの幼虫は土から出てきます。そして、夜には皮をぬいで羽化します。とてもすばらしいので、ぜひ見にいきましょう。

羽化した直後のはねは白いですが、かわくと色がついてきます。

羽化しているアブラゼミです。

羽化するために、木にのぼっている幼虫です。

セミの羽化の見つけ方

①夜に、木のまわりでセミの幼虫を見つけます。木から少しはなれたところも見てみましょう。

②じっととまった幼虫は、日ぐれごろから羽化しだします。幼虫や成虫にさわらないでください。

木のまわりにある2cmくらいのあなは、セミの幼虫が出てきたあとです。このあなが多い木のまわりでさがしましょう。

植えこみなどを懐中電灯で照らしてさがしてもかまいません。ただし、セミのまわりをずっと照らしていると、羽化をしないことがあります。

豆ちしき　羽化しているとちゅうのセミを、さわったりつついたりしてはいけません。

公園のセミ図鑑

公園でも見られるセミを集めてみました。エゾゼミは山地にいるセミですが、東北地方以北では公園にもいます。

アブラゼミ
◆34〜38mm ♣北海道〜九州 ■7〜9月 ★いろいろな樹木にいます。鳴き声は「ジリジリ」。

はねは茶色

ぬけがら

腹弁が大きい　腹弁が小さい

♂　♂腹側　♀腹側

ミンミンゼミ
地色は青緑色
◆29〜39mm ♣北海道〜九州 ■7〜10月 ★平地から山地にすんでいます。鳴き声は「ミーンミーン」。

ぬけがら

ツクツクボウシ
◆26〜33mm ♣北海道〜九州、トカラ列島 ■7〜10月 ★夏おそくにあらわれます。鳴き声は「オーシンツクツク」。

ぬけがら

ニイニイゼミ
◆20〜26mm ♣北海道〜九州、奄美群島、沖縄島 ■6〜9月 ★8月になるとへります。鳴き声は「チー」。

黒いもんがちらばる

泥にまみれている　ぬけがら

ヒグラシ
◆23〜39mm ♣北海道〜九州、奄美群島 ■7〜9月 ★うす暗い林の中にすみ、朝夕に鳴きます。鳴き声は「カナカナ」。

ぬけがら

◆大きさ ♣日本での分布 ■見られる時期 ★特徴

体の色は黒くもんがない

クマゼミ

◆45〜52mm ♣関東地方以南 ■6〜9月 ★平地の公園や雑木林で、午前中に鳴きます。鳴き声は「シャーシャー」。

ぬけがら

ここに黒いもんがない

エゾゼミ

◆40〜46mm ♣北海道〜九州 ■7〜9月 ★山地の針葉樹の林に多く見られます。東北地方以北では、公園にもよくいます。鳴き声は「ギー」。

ぬけがら

セミの活動時間

種類と時刻（時）	4 5 6 7 8 9 10 11 12 13 14 15 16 17 18 19 20	鳴き声
ミンミンゼミ		ミーンミーン
ニイニイゼミ		チー
クマゼミ		シャーシャー
アブラゼミ		ジリジリ
ヒグラシ		カナカナ
ツクツクボウシ		オーシンツクツク
エゾゼミ		ギー

セミの活動時期

種類と時期（月）	6 7 8 9 10
ミンミンゼミ	
ニイニイゼミ	
クマゼミ	
アブラゼミ	
ヒグラシ	
ツクツクボウシ	
エゾゼミ	

セミのつかまえ方

① 捕虫網をつかいましょう。魚のあみでは無理です。

魚のあみ

捕虫網

② 太い幹で、鳴いているセミをねらいましょう。

細い幹や枝だと、セミが逃げやすいです。

74ページの答え…6ぴき

下の写真のところにセミがいるよ。見つけられたかな？

豆ちしき　東京付近では、クマゼミはめずらしいセミでしたが、最近ふえています。

アリを飼ってみよう

夏 — 夏に見つけよう

アリは、身近にたくさんいます。また、種類も多くいます。ここではクロヤマアリを観察しましょう。

女王アリ　　　働きアリ

クロヤマアリ
◆5～6mm ♣北海道～九州 ■春～秋 ★庭や公園など、土や砂が出ているところに巣をつくります。

巣をつくって観察しよう

アリを観察する巣は、大小2つのプラスチックケースと石膏、プラコップがあれば、すぐにつくれます。

用意するもの
❶小さなふたつきのプラスチックケース
❷大きなふたつきのプラスチックケース
❸石膏
❹水
❺石膏をとかすプラコップ

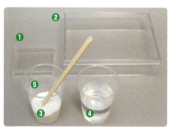

①小さなプラスチックケースの横にあなをあけます。

②石膏を水でとかし、小さなプラスチックケースの半分くらいまでしきます。

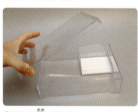
③それを大きなプラスチックケースに入れ、ふたをします。

月に1～2回、水を入れます。(石膏は乾燥防止用です。)

④アリを10ぴきくらい入れると、アリは数か月生きます。しかし、女王アリ1ぴきだけ入れると、その巣はずっとたもたれます。

豆ちしき　小さなプラスチックケースのかわりに、ふたつきのペットカップをつかってもいいです。

新女王アリをさがそう

新女王アリは、6〜7月の、風が弱く晴れた蒸し暑い日に、地面を歩いています。働きアリよりとても大きく、胸の左右に大きなくぼみがあります。

午後に、アリがいるような地面でさがしましょう。歩いていなかったら、少し大きめの石やかれ葉の下を見てみましょう。

新女王アリはたまごを産みますが、そのたまごから働きアリがかえるまでは、何も食べません。

巣の中を観察しよう

巣の中ではわからないアリの行動も、この巣の中では観察できます。

アリとアリが会ったらどうする?

アリの巣にはアリが何びきもいます。出会ったら、ある行動をします。それは何かな?

えさを巣に一直線でもってかえる?

アリがなかまといっしょに、えさを巣にもちこむとき、アリ1びき1びきはどのように動くかな?

身近なアリ図鑑

クロナガアリ
♦4〜5mm ♣本州、四国、九州 ■秋
★長いトンネルの巣をつくり、その中に草の種をたくわえます。

クロオオアリ
♦7〜12mm ♣北海道〜九州 ■春〜秋 ★少しかわいた、開けたところにいます。☀

ムネアカオオアリ
♦7〜12mm ♣北海道〜九州 ■春〜秋

アズマオオズアリ
♦2〜4mm ♣北海道〜九州 ■春〜秋 ☀

豆ちしき 飼っているアリには、ビスケットなどよりも、小さな昆虫や果物をあげましょう。

トカゲのなかまを見つけよう

夏──夏に見つけよう

夏になるとトカゲのなかまをよく見かけます。よく石の上で日光浴をしています。さがしてみましょう。

ニホントカゲの幼体

ニホントカゲ

♦20〜25cm ♣北海道〜九州 ♥昆虫、クモ、ミミズ ★敵におそわれると尾を切って逃げます。

ニホンヤモリ

♦10〜14cm ♣本州、四国、九州 ♥昆虫など ★夜に活動して、あかりに集まる虫を食べます。

ニホンカナヘビ

♦17〜25cm ♣北海道〜九州 ♥昆虫など ★道路や田畑のわきの草地などで、よく日光浴をしています。

トラップでとってみよう

1.5リットル以上のペットボトルがあればトカゲトラップがつくれます。

①ペットボトルの上を切りとります。

用意するもの

- 1.5リットルの空のペットボトル
- ミミズ、またはコオロギなどの昆虫
- 根ほり

②根ほりで地面をほり、ペットボトルのへりが地面と段差がないように、ペットボトルをうめます。

③ミミズやコオロギなどのえさを入れます。数時間おきに見回りましょう。

♦大きさ ♣日本での分布 ♥食べ物 ★特徴

カタツムリを見つけよう

雨がふると、カタツムリをよく見かけます。注意してよく見ると、何種類か見つかります。調べてみましょう。

ナミマイマイ
◆殻径32〜40mm ♣近畿地方、福井県 ★近畿地方ではよく見られるカタツムリです。

ヤマタカマイマイ
◆殻径約26mm ♣北陸〜中国地方 ★からが高く、薄茶色です。

コニホンマイマイ
◆殻径17〜19mm ♣四国、中国地方など ★ニッポンマイマイにくらべてやや小型でからが高いカタツムリです。

ウスカワマイマイ
◆殻径約23mm ♣日本全土 ★植物の若芽を食べます。からはうすく、球形のカタツムリです。

カタツムリトラップをしかけよう

なぜか、カタツムリのなかまはビールのにおいが好きです。それを利用して、カタツムリをおびきよせましょう。

①あなをほってプラコップを地面すれすれにうめます。

大人といっしょにやろう

地面と段差がないように

②コップの中に、ビールを入れます。カタツムリは落ちて死ぬことがあるので、数時間後に見にいきましょう。

 トカゲトラップもカタツムリトラップも、日かげにしかけましょう。

夏 ── 夏に見つけよう

樹液で見つけよう

夏の雑木林には、カブトムシやクワガタムシがいます。どちらも樹液が出ているところによくきます。樹液にはほかの昆虫もきます。樹液で昆虫をさがしてみましょう。

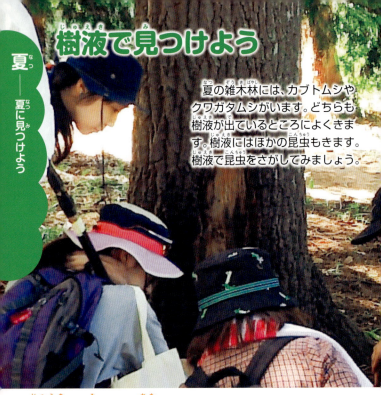

樹液の見つけ方

樹液が流れている木を見つけるのには、こつがあります。

こつ❶
ヒカゲチョウなどの、樹液が好きなチョウがいます。そのチョウが飛んでいるところをさがします。

こつ❷
樹液が近くに流れていると、スズメバチが飛んでいます。スズメバチがとまる木を見てみます。

こつ❸
スズメバチがとまった木の根元に、カブトムシやスズメバチの死がいがあれば、その木には樹液の出ている場所があります。

豆ちしき　樹液が流れているところには、カナブンがよく見られます。

カブトムシ
◆27〜59mm ♣北海道〜九州、沖縄諸島 ■6〜8月 ★樹液やくさった果物に集まります。

ここも見てみよう

木の根元
　木の根元から樹液が出ている場合があります。また、そこに割れ目があった場合、クワガタムシなどがひそんでいることもあります。さがしてみてください。

落ちた果物
　雑木林の近くに果物の木がある場合、落ちている果物に昆虫が集まることがあります。早朝の果樹園には、カブトムシやクワガタムシが見つかることがあります。

豆ちしき　樹液は昼に見つけておいて、夜に行きましょう。夜に樹液をさがすのは危険です。

83

樹液にくる昆虫図鑑

夏 — 夏に見つけよう

　昼に樹液が出ているところにやってくる昆虫には、色のきれいなものがいます。一方、夜に樹液にやってくる昆虫は、色が黒いものや地味なものがよく見られます。

コクワガタ
◆17〜55mm ■北海道〜九州 ■5〜10月 ★樹液などでふつうに見られます。成虫は長生きします。

ノコギリクワガタ
◆25〜77mm ■北海道〜九州 ■5〜10月 ★あかりにもやってきます。

ヒラタクワガタ
◆19〜82mm ■本州以南 ■5〜10月 ★夜行性ですが、昼間に活動する個体もいます。

カナブン
◆23〜31.5mm ■本州、四国、九州 ■6〜9月 ★モモやトマトなどの実にも集まります。明るい昼間に活動します。

アカアシオオアオカミキリ
◆25〜30mm ■本州、四国、九州 ■7〜8月 ★夜、クヌギの樹液などに集まります。

ミヤマカミキリ
◆32〜57mm ■北海道〜九州 ■5〜8月 ★夜に活動し、クリの木などに集まります。あかりにもやってきます。

オオゾウムシ
◆12〜29mm ■日本全土 ■6〜9月 ★クヌギなどの樹液に集まります。

 樹液にゴキブリがいることがありますが、これらは家には入りません。

ゴマダラチョウ

◆60～85mm ♣北海道～九州 ■5～10月 ★雑木林などにいて、樹液に集まります。

オオムラサキ

◆75～100mm ♣北海道～九州 ■6～10月 ★木の上高くを飛び回り、樹液に集まります。

サトキマダラヒカゲ

◆約63mm ♣北海道～九州 ■4～10月 ★林にすんでいて、樹液などにきます。

ヒカゲチョウ

◆50～60mm ♣本州、四国、九州 ■5～10月 ★林の中やその近くの日かげを好みます。

コシロシタバ

◆50～60mm ♣北海道～九州 ■6～10月 ★関東地方では、雑木林でよく見られます。

オオスズメバチ

◆26～44mm ♣北海道～九州 ■5～11月 ★いたんだ果物や樹液によくやってきます。✺

クヌギの幹にあなをあけたのはだれだ!?

雑木林のクヌギの幹を見ていたら、あなが1列にならんであいていたぞ。これは、だれのしわざだ？

わたしで～す！

シロスジカミキリは、クヌギなどにあなをあけて、たまごを産みます。たまごを産んだあとのあなからは、やがて樹液が出てきます。

シロスジカミキリ

◆40～55mm ♣本州、四国、九州 ■5～8月 ★クヌギ、コナラなどの雑木林でよく見られ、あかりにも集まります。

豆ちしき　樹液は、木の汁が発酵して、お酒みたいになったものです。

バナナトラップをしかけよう

夏——夏に見つけよう

樹液が出ていなかったり、樹液の出ている場所がわからなかったりすることがよくあります。そのようなときは、「バナナトラップ」で昆虫をおびきよせましょう。トラップは、枝や幹にしばりつけます。

バナナトラップのつくり方

バナナトラップは、昆虫がお酒のにおいにくることを利用して、よびよせるわなです。樹液の出ていないところにしかけましょう。また、しかけたトラップは必ず回収しましょう。

用意するもの
- 古くなった、両足にはくタイプのストッキング
- バナナ（トラップ1本につき、2本用意します）
- 焼酎
- 密閉容器

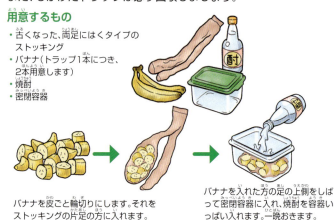

バナナを皮ごと輪切りにします。それをストッキングの片足の方に入れます。

バナナを入れた方の足の上側をしばって密閉容器に入れ、焼酎を容器いっぱい入れます。一晩おきます。

豆ちしき　発酵した樹液とお酒は、同じエタノールのにおいがします。

あかりで見つけよう

コンビニエンスストアのあかりや野球のナイター設備があるグラウンドの照明などの下をさがしてみましょう。昆虫がいることがよくあります。林の近くの自動販売機や無人精米所もねらい目です。ただし、LEDライトには昆虫はきません。

コンビニの駐車場で…

街灯の下で…

自動販売機で…

あかりにくる昆虫図鑑

夏 — 夏に見つけよう

あかりには、夜に樹液にやってくる昆虫もきますが、樹液にはこない昆虫も飛んできます。

セスジヒラタゴミムシ
◆6〜8mm ♣日本全土 ■5〜10月 ★ふつうに見られます。

ヨツボシケシキスイ
◆7〜14mm ♣北海道〜九州 ■5月〜 ★コナラなどの樹液に集まります。

シモフリコメツキ
◆約18mm ♣北海道〜九州 ■初夏 ★草や葉の上などで見られます。

ヨコヤマヒゲナガカミキリ
◆25〜35mm ♣本州、四国、九州 ■7〜8月 ★ブナ林に生息していて、夜、あかりに集まります。

アオドウガネ
◆17.5〜25mm ♣本州、四国、九州、奄美大島 ■4〜10月 ★成虫はいろいろな植物の葉を食べます。

シンジュサン
◆125〜140mm ♣日本全土 ■5〜8月 ★幼虫は食草の葉をたてにまいて、かたいまゆをつくります。

オオミズアオ
◆80〜120mm ♣北海道〜九州 ■5〜8月 ★成虫には口がなく、何も食べません。

キシタバ
◆52〜70mm ♣北海道〜九州 ■6〜10月 ★後ろばねは黄色です。

エビガラスズメ
◆80〜105mm ♣日本全土 ■5〜11月 ★飛ぶ力が強く、広い範囲にすんでいます。

豆ちしき　あかりには、ゲンゴロウ類などの水生昆虫もやってきます。

ヤナギで見つけよう

　雑木林の近くにあるヤナギ林に行ってみましょう。ヤナギは木が低いときから、樹液を出します。また、枝先からも甘いにおいを出すので、枝先でクワガタムシが見つかることもよくあります。ゴマダラカミキリもよく見つかります。

カブトムシ

キタテハ
◆50～60mm ♣北海道（南西部）～九州など ■5～11月 ★人里に多く、花や樹液に集まります。

ノコギリクワガタ

コムラサキ
◆55～70mm ♣北海道～九州 ■5～10月 ★クヌギやヤナギ類の樹液を吸います。

ゴマダラカミキリ
◆25～35mm ♣日本全土 ■5～10月 ★ナシなどの果樹やヤナギ類などを食べます。

コクワガタ

夏の花を見つけよう

夏は春にもまけず、花がたくさんさいています。雑木林では、白い花をさかせた木がよく生えています。

ヘクソカズラ

◆つる性 ●多年草 ♣日本全土 ★葉や茎をもむとくさいにおいがするので、ついた名前です。

カワラナデシコ

◆30〜80cm ●多年草 ♣本州〜九州 ★花びらには細かな切れこみがあります。

ツユクサ

◆20〜50cm ●一年草 ♣日本全土 ★花は、青く大きい花びら2枚と、白く小さい花びら1枚からなります。

ウツギ

◆1〜3m ●落葉低木 ♣北海道〜九州 ★葉はかたい毛でざらつき、古い枝の中は空どうです。

エゴノキ

◆7〜8m ●落葉小高木 ♣日本全土 ★林の中で、たくさんの白い花がたれ下がってさきます。

◆大きさ ●生活の姿 ♣日本での分布 ★特徴

カラスザンショウ

◆6～8m ♣落葉高木 ♠本州以南 ★小さい花をたくさんつけます。

ヒルガオ

◆つる性 ♣多年草 ♠北海道～九州 ★花は昼間にさきます。

イタドリ

◆50～150cm ♣多年草 ♠北海道～九州 ★お株とめ株があります。

キツネノカミソリ

◆30～50cm ♣多年草 ♠本州、四国、九州 ★葉は早春にのびはじめて、花がさく前の夏にかれます。汁にふれると、かぶれます。☀

クサフジ

◆つる性 ♣多年草 ♠北海道、本州、九州 ★まきひげでほかのものにまきつき、立ち上がります。

クズ

◆つる性 ♣多年草 ♠日本全土 ★茎はつるになってまきつき、ほかの木々などをおおいます。

豆ちしき 夏の白い花には、昆虫が集まっています。

花で昆虫をさがそう

夏 ── 夏に見つけよう

夏には、春とはちがうチョウやコウチュウを、花のまわりで見ることができます。とくに白い花をさがして、昆虫を見つけましょう。

ジャコウアゲハ
♦75～100mm ♣本州～南西諸島 ■3～10月 ♥ウマノスズクサなど ★草地から林の中まで見られます。ゆるやかに飛んで花にきます。

ツバメシジミ
♦20～30mm ♣北海道～九州 ■3～10月 ★道ばた、草原、畑でよく見られます。

ヒメトラハナムグリ
♦9～12mm ♣北海道～九州 ■5～8月 ★花に集まって花粉を食べます。ハチとよく似ています。

ヨツスジハナカミキリ
♦12～20mm ♣日本全土 ■6～8月、沖縄では4～7月 ★いろいろな花やかれ木に集まります。

フタスジハナカミキリ
♦14～20mm ♣北海道～九州 ■6～8月 ★いろいろな花に集まります。

ベニカミキリ
♦13～17mm ♣本州、四国、九州 ■4～6月 ★クリやネギなどの花によく集まります。

トラマルハナバチ
♦10～25mm ♣北海道～九州 ■5～10月 ★長い舌があります。☀

豆ちしき　ツバメシジミは低い草たけの草むらで見られます。

丘の上に行ってみよう

少し小高い丘の頂上に行ってみましょう。頂上が開けていたら、風にのってきた昆虫がいます。

開けている頂上

丘の頂上で見られた昆虫たち

キアゲハ
◆70〜90mm ■北海道〜九州 ■3〜9月 ★平地から高山までの明るい草地によくいます。丘の上でよく見ます。

カラスアゲハ
◆80〜120mm ■日本全土 ■4〜9月 ★平地から山地の林などで見られます。丘の上をよく飛んでいます。

スミナガシ
◆55〜65mm ■本州以南 ■5〜10月 ★林にすみ、樹液に集まります。夕方、丘の上にのぼってきます。

アオバセセリ
◆43〜49mm ■本州以南 ■3〜11月 ★林にすみます。夕方、丘の上にのぼってきます。

豆ちしき 丘の頂上にはカミキリムシもやってきます。白い花があったら、ねらい目です。

夏 ── 夏に見つけよう

クリの花で見つけよう

夏の初めから、白いクリの花がさきます。よく見てみると、いろいろな昆虫が花にきています。

セマダラコガネ
◆8～13.5mm ■日本全土 ■5～9月 ★草原や湿原など開けたところで多く見られます。

ナミハナムグリ

キタテハ

ベニボタル
◆9～14mm ■北海道～九州 ■5月～ ★花や葉の上で見られます。光りません。

イチモンジチョウ
◆45～55mm ■北海道～九州 ■5～11月 ★木の間や草の上をすべるように飛びます。

やってみよう

花の下にあみか布をおき、その上の花をたたいてみよう。どうなるかな？

小さなコウチュウなどが落ちてきます。花をすくってもとれます。

豆ちしき クリの花には、まわりで発生しためずらしい昆虫もよく飛んできます。

クリの花にくる昆虫図鑑

夏のはじめから、白いクリの花がさきます。雑木林に近いクリの木の花には、いろいろな種類の昆虫がやってきます。

クロハナムグリ
♦12.5〜15.5mm ♣日本全土 ■5〜8月 ★成虫は、花粉を食べます。

トラハナムグリ
♦12.5〜16mm ♣北海道〜九州 ■5〜8月 ★短い毛が生えていて、つやはありません。

エグリトラカミキリ
♦9〜13mm ♣北海道〜九州 ■5〜8月 ★広葉樹のかれ木や、クリなどの花に集まります。

ミズイロオナガシジミ
♦30〜35mm ♣北海道〜九州 ■6〜8月 ★早朝と夕暮れによく飛びます。

アカシジミ
♦35〜42mm ♣北海道〜九州 ■5〜7月 ★夕方に活発に飛びます。

テングチョウ
♦40〜50mm ♣日本全土 ■5〜10月 ★道やがけなど、むきだしの土によくとまります。

ヒョウモンエダシャク
♦38〜50mm ♣北海道〜九州 ■6〜9月 ★昼間活発に花のみつを吸い、夜あかりに集まります。

クリの葉をまいたのはだれだ!?

クリの木を見ていると、まかれた葉を見つけたよ。だれが、何のために、まいたんだ？

わたし、ゴマダラオトシブミがやりました

ゴマダラオトシブミ
♦約7mm ♣北海道〜九州 ■5〜8月 ★葉を丸めて中にたまごを産みます。

豆ちしき　オトシブミのなかまは、葉を丸めることで、幼虫が天敵から守られます。

アオスジアゲハをおびきよせよう

夏 —— 夏に見つけよう

アオスジアゲハというチョウが、地面におりて水を吸っているのをよく見かけます。水をまいて、アオスジアゲハをよんでみましょう。

アオスジアゲハ
◆55〜65mm ◆本州以南 ■4〜10月 ★速く飛びます。夏はよく水たまりなどで水を吸っています。

やり方

① アオスジアゲハがいる道路や広場に水をまきます。
② まいた水に、塩を少しかけます。
③ まいた水の上に3〜5cmに切った青い紙をまきます。

❶ ❷ ❸

きた！

今回は水までおりてくれませんでしたが、うまくいくと、水にたくさんのアオスジアゲハがおりてきます。

豆ちしき 青い紙をまくのは、なかまがいるように見せかけるためです。

4ひきのチョウが水を吸っていたよ！

林の近くの道を歩いていたら、モンキアゲハが水を吸っていました。

チョウの近くで赤いタオルをふろう

花にきているチョウがいるところで、赤いタオルをふってみましょう。どうなるかな？

赤いタオルをぐるぐる回すと…、

チョウがよってきた！

赤いタオルを花とまちがえてやってくるようです。うまくいかなかったら、昆虫園の中などでためしてみましょう。

97

夏 —— 夏に見つけよう

クズの葉を食べたのはだれだ!?

クズの葉のへりから切れこんだ食べあとがあったぞ！ この食べあとは、だれがつけたんだ？

犯人はコフキゾウムシ！

クズの葉は、いろいろな昆虫が食べます。ゾウムシのなかまが多く見られます。とくにコフキゾウムシはよくいるので、クズの葉でさがしてみてください。

コフキゾウムシ
◆3.5～7.5mm ♣本州以南 ■4～8月 ★クズなどの葉を食べます。

オジロアシナガゾウムシ
◆9～10mm ♣本州、四国、九州 ■4～8月 ★幼虫はクズの葉に虫こぶをつくります。

シロコブゾウムシ
◆15～17mm ♣本州、四国、九州 ■5～7月 ★体は白くごつごつしています。

豆ちしき　コフキゾウムシの体には、粉のようなものがついています。

クズの花に丸いあなを あけたのはだれだ!?

クズの花をよく見てみたら、つぼみにあながあいていたぞ！ だれがこんなことをしたんだ？

犯人はシジミチョウの幼虫だった！

シジミチョウの幼虫の中には、花を食べるものがいます。シジミチョウの幼虫の頭は小さいので、花にあなをあけて食べます。このあなを見つけて、さがしてみましょう。

ぼくで〜す。　　　ぼくで〜す。　　　ぼくかも〜。

ルリシジミ
◆22〜23mm ●北海道〜九州 ■3月〜秋 ★木や草の花にきます。

ウラギンシジミ
◆38〜40mm ●本州以南 ■6月〜晩秋 ★秋に多く見られます。成虫で越冬します。

ウラナミシジミ
◆28〜34mm ●関東地方以南 ■一年中 ★春は南の方でしか見られません。

 ウラナミシジミは、エンドウマメの豆も食べます。

葉を食べたあとを見つけよう

夏 —— 夏に見つけよう

　葉を食べる昆虫の中には、目立つ食べあとを残すものがいます。その食べあとを見つけて、昆虫をさがしだしましょう。

オニグルミの葉がボロボロ。

成虫

コフキコガネ
◆24～32mm ♣本州 ■5～7月 ★成虫は、コナラ、クヌギ、オニグルミなどの葉を食べます。

ガマズミの葉にあなが……。

成虫

サンゴジュハムシ
◆6～7mm ♣北海道～九州 ■5～10月 ★ガマズミやサンゴジュの害虫です。

ハンノキの葉がへりから……。

幼虫

成虫

トホシハムシ
◆5～7mm ♣北海道～九州 ■5～7月 ★若い幼虫は集団をつくって葉をくいあらします。

豆ちしき トホシハムシの成虫も、ハンノキで見られます。山地にいます。

100

あながボコッボコッと…。

成虫

マメコガネ
◆9〜13.5mm ♣日本全土 ■6〜9月 ★栽培しているマメ類の葉なども食べる害虫です。

クズの葉にジグザグが…。

成虫

クズノチビタマムシ
◆3〜4mm ♣北海道〜九州 ■4〜10月 ★成虫、幼虫ともにクズの葉を食べます。

ササの葉に白いすじが…。

成虫

幼虫

タケトゲハムシ
◆約5mm ♣本州、四国、九州 ■5〜10月 ★たまごは1列に産まれます。

豆ちしき　タケトゲハムシの幼虫は、葉の中にもぐって、葉を食べます。

101

夏 —— 夏に見つけよう

葉をこんなにしたのは、だれだ!?

クズや、カラムシ、ヨモギ、ヤマノイモなどの葉を見たら、いたずらされたようなあとがあったぞ。だれがしたんだ?

タケの葉でねこじゃらし?

ぼくで〜す。

幼虫

成虫

犯人は コチャバネセセリ

タケの葉の根元がなくなり、先がおりたたまれているぞ!

コチャバネセセリ
◆30〜36mm ●北海道〜九州
■4〜9月 ★幼虫はタケ類を食べます。

ヤマノイモの葉がたたまれている!

ヤマノイモの葉が、おりたたまれているぞ!

犯人は ダイミョウセセリ

ぼくで〜す。

ダイミョウセセリの幼虫
(→19ページ)

クズの葉がたれ下がって…?

犯人はコミスジ

幼虫

ぼくで〜す。

成虫

クズの葉の先が、葉の脈を残して、むきだしになっていて、かれた葉がたれ下がっているぞ!

コミスジ
◆45〜55mm ●北海道〜九州
■4〜11月 ★成虫は林のへりなどでよく見られます。

豆ちしき　セセリチョウのなかまの幼虫は、すべて葉をまいて巣をつくります。

カラムシの葉が袋に!?

幼虫

ぼくで〜す。

犯人は
アカタテハ

カラムシの葉が袋みたいに丸まっているぞ！

成虫

アカタテハ
◆約60mm ♣日本全土 ■5〜10月 ★成虫は速く飛び、花や樹液にきます。

ヨモギの葉がちょうちんに…!?

犯人は
ヒメアカタテハ

ぼくで〜す。

幼虫

成虫

数枚のヨモギの葉が丸められているぞ！

ヒメアカタテハ
◆40〜50mm ♣日本全土 ■5月〜秋 ★成虫はノアザミやシロツメクサによくきます。

ススキの葉が結んだように…!?

ススキの葉が2回おりたたまれ、結んだようになっているぞ！

わたしよ！

犯人は
カバキコマチグモ

カバキコマチグモ
◆10〜15mm ♣北海道〜九州 ■7〜9月 ★大あごが大きく、毒があります。巣をひらくと、かまれることがあります。☀

豆ちしき　カラムシの葉の裏は白いため、アカタテハの幼虫がいるところは目立ちます。

103

夏 ── 夏に見つけよう

水生昆虫をつかまえよう

ゲンゴロウのなかまやガムシ、ミズカマキリなどの水生昆虫は、夏の終わりから秋にかけて、草が多い池や用水路などで見られます。あみですくって、つかまえてみましょう。

さがした池

岸の近くが木の枝や草でおおわれた池がありました。岸がコンクリートでおおわれていないところがあったので、さがしてみました。

すくい方

中を見てみると…

いた！

岸の草の下にむかって、あみをがさがさと動かしてすくいます。

ミズカマキリとガムシが入っていました。

山の近くの用水路では…？

ヒメゲンゴロウをつかまえました。

豆ちしき　池に落ちるとあぶないので、大人の人といっしょに行きましょう。

草がいっぱいういている池では…？

ガムシと何種類かのゲンゴロウがいました。

こちらでは、ハイイロゲンゴロウがたくさんとれました。

水生昆虫図鑑

水生昆虫をとりに行くときは、観察ケースをもっていきましょう。

ハイイロゲンゴロウ

◆10〜14mm ♣日本全土 ■一年中 ★各地でふつうに見られます。きたない水によくいます。

ガムシ
◆32〜40mm ♣北海道〜九州 ■1年中 ★成虫は水草などを食べる草食性です。

マツモムシ

◆11〜14mm ♣北海道〜九州 ■4〜11月 ★池や沼などにすみ、背泳ぎのように背中を下にして泳ぎます。☀

ミズカマキリ
◆40〜45mm ♣日本全土 ■4〜10月 ★水草の多い池や沼にすみ、よく泳ぎます。☀

ミズカマキリとマツモムシはカメムシのなかまです。

夏 ── 夏に見つけよう

夏の山で見つけよう

　夏の山地はすずしくて、空気がきれいで、平地の町とはちがう生き物がたくさん見られます。さがしてみましょう。

草原で見つけよう

　山地の草原には、アザミのなかまなどのいろいろな花がさきます。それらの花に昆虫がやってきます。花をていねいに見ていきましょう。

ウラギンヒョウモン

フキバッタのなかま

ヨモギハムシ

オカトラノオ

ホタルブクロ

林で見つけよう

山地の林には、ミズナラやカンバ、ブナの木などが見られます。そのような林でだけ見られる生き物もいます。

山で花を見つけよう

高い山地の草原にはいろいろな花がさいていて、とても気分がいいところです。でも、最近はシカに食べられて、花がへってきています。

夏――夏に見つけよう

オカトラノオ
◆60〜100cm ♣多年草 ♠北海道〜九州 ★花は下の方からさきます。

ホタルブクロ
◆40〜80cm ♣多年草 ♠北海道〜九州 ★袋のような下向きの花をつけます。

ニッコウキスゲ
◆60〜80cm ♣多年草 ♠北海道、本州 ★花は朝にさき、夕方にしぼみます。

ウツボグサ
◆10〜30cm ♣多年草 ♠北海道〜九州 ★低い山にも生えます。

アザミのなかま
◆約1m ♣多年草 ♠北海道〜九州 ★山地の草原でよく見られます。

アヤメ
◆30〜60cm ♣多年草 ♠北海道〜九州 ★あみ目もようがあります。

◆大きさ ♣生活の姿 ♠日本での分布 ★特徴

シモツケ

◆80〜150cm ♣落葉低木 ✿本州、四国、九州 ★枝先に小さい花が集まってさきます。

ノリウツギ

◆2〜5m ♣落葉低木 ✿北海道〜九州 ★皮からつくったのりは、和紙をつくるときに利用されました。

ヤマオダマキ

◆30〜70cm ♣多年草 ✿北海道〜九州 ★花は下向きにさきます。

ネズミモチ

◆6〜8m ♣常緑高木 ✿本州〜沖縄 ★生け垣や庭木としてよく植えられています。

ヤマユリ

◆1〜1.5m ♣多年草 ✿本州 ★白い花はたいへん大きく、強い香りがします。

キキョウ

◆50〜100cm ♣多年草 ✿北海道〜九州 ★根は生薬としてもつかわれます。

豆ちしき　シカは、アザミのつぼみを食べるため、花が少なくなりました。

草原で昆虫をさがそう

夏 ── 夏に見つけよう

草原にはいろいろな花がさきます。その花を見ていきましょう。チョウやハチ、アブなどがいます。

ヒメシジミ
◆27〜31mm ✿北海道、本州、九州 ■6〜8月 ★草地でよく見られます。

ウラギンヒョウモン
◆55〜70mm ✿北海道〜九州 ■5〜7月 ★草原の草花に集まります。

ジャノメチョウ
◆50〜65mm ✿北海道〜九州 ■7月〜初秋 ★明るい草地や川原で見られます。

アサギマダラ
◆約100mm ✿日本全土 ■5〜11月 ★夏に高原の日かげなどで見られます。季節で移動します。

コキマダラセセリ
◆32〜36mm ✿北海道、本州 ■6〜8月 ★草原にいます。活発によく飛び、よく花にきます。

ハナアブ
◆14〜15mm ✿日本全土 ■4〜10月 ★幼虫は水中で生活します。

◆大きさ ✿日本での分布 ■見られる時期 ★特徴

ルリハダホソクロバ
◆17〜22mm ♣本州、九州 ■6〜8月 ★昼間に活動します。

ベニモンマダラ
◆23〜33mm ♣北海道、本州 ■7〜8月 ★昼間活発に活動し、花にきます。

ヨモギハムシ
◆7〜10mm ♣日本全土 ■4〜11月 ★つやがあります。ヨモギなどの葉を食べます。

キバネツノトンボ
◆48〜55mm ♣本州〜九州 ■5〜6月 ★ウスバカゲロウのなかまです。長い触角があります。

ヤマトシリアゲムシ
◆約17mm ♣北海道（南部）〜九州 ■5〜9月 ★はねに2本の黒い帯があります。林にもいます。

フキバッタのなかま
★高原にいるフキバッタのなかまは、はねがなくなって、飛べないものが多くいます。

豆ちしき　キバネツノトンボの幼虫は地面にいて、近くにきた昆虫をつかまえます。

111

高い山の林で昆虫をさがそう

高い山地の林には、昆虫がたくさん見られます。短い夏の間に出てくるので、見られる種類も多くなります。

夏 — 夏に見つけよう

コスカシバ
◆17.5～32mm ♣北海道～九州 ■4～11月 ★8月に多く、日没後1時間ぐらいがもっとも活発です。

エゾミドリシジミ
◆30～40mm ♣6～8月 ■北海道～九州 ★おもに山地のミズナラ林で見られます。午後に活動します。

ミドリカミキリ
◆12～20mm ♣北海道～九州 ■5～8月 ★クリなどの花や、クヌギなどのまきに集まります。

ヒゲブトハナムグリ
◆7～10mm ♣本州、四国 ■5～7月 ★3つに枝分かれした触角をもちます。めすは花に集まります。

キスジコガネ
◆8～11mm ♣本州、四国、九州 ■5～7月 ★さやばねにある黄かっ色のたてすじが特徴のコガネムシです。

ヒメアシナガコガネ
◆6.5～9mm ♣北海道～九州 ■5～8月 ★樹木の花によくきます。

豆ちしき　ケヤキやブナなどの広葉樹の林の方が昆虫が多くいます。

ヒメキマダラヒカゲ

◆50〜60mm ▲北海道〜九州 ■7〜10月 ★うす暗い森林のササ類の上を飛びます。

ルリボシカミキリ

◆16〜30mm ▲北海道、本州、四国、九州 ■6〜9月 ★青色にはっきりとした黒いもようがある、とても美しいカミキリムシです。

クジャクチョウ

◆約55mm ▲北海道、本州(中部地方以東) ■6〜10月 ★よく花にきます。

キマダラミヤマカミキリ

◆22〜35mm ▲日本全土 ■5〜8月 ★夜、クヌギなどの広葉樹の樹液やあかりに集まります。

ドロハマキチョッキリ

◆5.5〜7mm ▲北海道〜九州 ■4〜7月 ★体の色が場所や個体によってちがいます。

エゾゼミ

豆ちしき　中部地方以北では、クジャクチョウのほかにキベリタテハなどもいます。

山でクワガタムシをさがそう

夏 —— 夏に見つけよう

　山のクワガタムシも樹液にくるものが多くいますが、樹液はなかなか見つかりません。そのようなときはヤナギの木の枝先をさがしましょう。また、オニクワガタのように樹液にこないで、ブナなどの幹の上をはっているものもいます。

アカアシクワガタ
◆23～59mm ♣北海道～九州 ■6～10月 ★腹側から見ると、あしのつけ根が赤くなっています。

ミヤマクワガタ
◆25～79mm ♣北海道～九州 ■6～9月 ★おもに山地の広葉樹林やブナ林にいます。

オニクワガタ
◆15～28mm ♣北海道～九州 ■5～10月 ★ブナ林などにいます。

豆ちしき　オニクワガタは樹液にはほとんどきません。

うんちを見てみよう

シカなどのうんちはきたないですが、栄養がたくさん入っているので、うんちに集まる昆虫が多くいます。うんちを見つけたら、ひっくり返してみましょう。

マグソコガネ
◆5〜6mm ✿北海道〜九州
■一年中 ★冬によくいます。

オオセンチコガネ
◆15〜22mm ✿日本全土
■4〜11月 ★すんでいるところによって、体の色があい色、緑色、赤紫にかわります。

ニッコウコエンマコガネ
◆5〜6mm ✿本州、四国、九州 ■4〜11月 ★けもののふんに、よくいます。

うんちをひっくりかえしてみよう

シカやサル、イノシシ、牧場のウシのうんちを、ぼうなどをつかってひっくり返してみましょう。かっこいいコウチュウが出てきます。

うんちの下にぼうをあてます。平らな面のあるぼうなら、なおいいです。

そのまま、ひっくりかえそう。うんち側と地面側、どちらにもいます。

うんちにきたキバネセセリ。

 キバネセセリは、高原のトイレなどでよく見かけます。

115

土場でさがしてみよう

夏 —— 夏に見つけよう

「土場」とは、切った木を積んであるところです。そこにはいろいろな昆虫がすみ、それをねらうネズミなどがいます。

豆ちしき　土場の木は、くずれ落ちることがあるので、注意しましょう。

土場で見られる昆虫など

クロタマムシ

ウバタマムシ

キマワリ

キスジトラカミキリ

ウスイロトラカミキリ

オオトラハナムグリ

なぜ土場にコウチュウが多い？

カミキリムシ、タマムシなどの幼虫は、木の幹の中に入り、中身を食べます。
それで、切った木のあるところにたまごを産むためにきたものや、そこに積んである木から羽化した成虫がよく見られます。

土場の木から出ようとするミヤマカミキリ

豆ちしき 新しい木と古い木では、いるコウチュウの種類がちがいます。

夏の山の鳥図鑑

夏 ── 夏に見つけよう

夏の高い山地には、平地とちがった鳥がいます。明け方に、とてもきれいな鳴き声を聞くことができます。

アトリ
◆約16cm ♣日本全土 ♥木の実、草の種 ★日本には秋にシベリアから大群で渡ってきて、冬をすごします。鳴き声は「キョッキョッキョッ」。

イカル
◆約23cm ♣北海道、本州、九州 ♥木の実、草の種 ★山地の雑木林にツタや草の茎などでおわん形の巣をつくります。鳴き声は「キーコーキー」。

オオルリ
◆約17cm ♣北海道～九州 ♥昆虫 ★おすは谷川など水辺の高い木の枝先で、美しい声でさえずります。鳴き声は「ピーリーリー、チュービービー、ジジ」。

キビタキ
◆約13cm ♣日本全土 ♥昆虫、木の実 ★おすはほかの鳥のまねをふくめ、いろいろな鳴き方でさえずります。鳴き声は「ピッコロロ、ツクツクオーシ」。

コガラ
◆約12cm ♣北海道～九州 ♥木の実、昆虫、クモ ★幹に近い枝でえさをとります。地鳴きは「ツーツー、ジャージャ」、さえずりは「ヒッチョー、チチュー」。

カッコウ
◆32～33cm ♣北海道～九州 ♥昆虫、小鳥のたまごやひな ★鳴き声は「カッコウ」。

◆大きさ ♣日本での分布 ♥食べ物 ★特徴

秋に見つけよう

秋は生き物たちにとって、これからきびしい冬をむかえる準備をする季節です。

野山で見つけよう

秋の野山では、めすをよぶために、いろいろな虫が鳴いています。そして赤い実やどんぐりがなり、きのこが生え、木の葉が赤や黄色にそまり、やがて落ちます。

秋——秋に見つけよう

ルリタテハ

カラスウリ

ムラサキシジミ

ヌスビトハギ

キツネノマゴ

エンマコオロギ

秋の花を見つけよう

秋にさく花も多くあります。きれいな花も多いので、さがしてみましょう。

センニンソウ
◆つる性 ♠多年草 ♣日本全土 ★花びらのように見えるのはがくです。皮ふにつくと水ぶくれができます。☀

タニソバ
◆10〜50cm ♠一年草 ♣北海道〜九州 ★谷や湿地などでよく見られます。

ゲンノショウコ
◆30〜50cm ♠多年草 ♣北海道〜九州 ★実は熟すと5つにさけて、種をはじき飛ばします。

ヌスビトハギ
◆60〜120cm ♠多年草 ♣日本全土 ★実のさやにかぎ状の毛があり、衣服や動物の体につきます。

マルバハギ
◆1〜3m ♠落葉低木 ♣北海道〜九州 ★紫色の花がさきます。葉は丸く、多くは先が少しへこんでいます。

ツルボ
◆20〜40cm ♠多年草 ♣日本全土 ★花がつく茎はまっすぐ立ち、多数の花が集まってつきます。

◆大きさ ♠生活の姿 ♣日本での分布 ★特徴 ☀注意

イヌタデ
♦20～50cm ●一年草 ♣日本全土
★茎は赤みがかっています。花は初夏から秋までさいています。

ツリガネニンジン
♦40～100cm ●多年草 ♣北海道～九州 ★花の形がつりがね状です。若い芽は食用にされます。

ハナニガナ
♦40～70cm ●多年草 ♣日本全土
★花は、7～12枚の小さな花びらのような花が集まっています。

ワレモコウ
♦約1m ●多年草 ♣北海道～九州 ★草地に生えます。秋には、小さな花が集まった穂が立ちます。

キツネノマゴ
♦10～40cm ●一年草 ♣本州～九州
★枝分かれし、紫色の花がさきます。

ウリクサ
♦5～25cm ●一年草 ♣日本全土
★実の形がウリに似ています。

豆ちしき 一年中花がさく植物もあります。

123

秋 ── 秋に見つけよう

コスモスの花で見つけよう

秋にふえる昆虫もいます。よく花にやってきます。コスモスの花には昆虫が集まります。

イチモンジセセリ

◆34〜40mm ♣日本全土 ■4〜10月 ★夏の終わりから初秋にかけてふえます。

キンケハラナガツチバチ

◆15〜28mm ♣本州、四国、九州 ■7〜10月 ★幼虫はコガネムシ類の幼虫を食べます。☼

バラハキリバチ

◆11〜13mm ♣本州以南 ■春〜秋 ★バラ科植物の葉だけを切りとって巣をつくります。

ミドリヒョウモン

◆65〜80mm ♣北海道〜九州 ■5〜7月 ★成虫は初夏に活動したあと見られなくなりますが、秋にまた活動します。草花に集まります。

ツマグロキンバエ

◆5〜7mm ♣日本全土 ■5〜10月 ★成虫は花に集まります。

オオハナアブ

◆12〜16mm ♣日本全土 ■4〜10月 ★幼虫は水中で生活します。

◆大きさ ♣日本での分布 ■見られる時期 ★特徴

センダングサでも見つけよう

センダングサは荒れ地や道ばたなどに生えています。種が服につくのでいやな植物ですが、その花には多くの昆虫が飛んできます。

ムラサキツバメ
♦35〜40mm ♣本州（関東地方以西）、四国、九州、南西諸島 ■5月〜秋 ★成虫で冬をこします。

キタテハ

ホシホウジャク
♦50〜55mm ♣日本全土 ■7〜11月 ★遠くまで飛びます。

シロテンハナムグリ
♦20〜27mm ♣日本全土 ■4〜10月 ★いろいろな花に集まります。

モンキチョウ
♦40〜50mm ♣日本全土 ■3月〜秋 ★日当たりのよい草地に多く、速く飛びます。

ホタルガ
♦40〜50mm ♣北海道〜九州、沖縄 ■6〜7月、9月 ★このホタルガは、クモにつかまえられ、食べられています。

おや、こんなところに、カマキリが！

豆ちしき ホシホウジャクは、ハチのように、すごいはねの音を立てて飛びます。

125

秋 ── 秋に見つけよう

カマキリを見つけよう

春にたまごからかえったカマキリは、最初は小さかった幼虫から育って、秋には大きくなります。いろいろなところで、ほかの昆虫をねらっています。

身近なカマキリ図鑑

わたしたちがよく見るカマキリは、下の4種です。よく似ていますが、かんたんに見分けられるところがあります。

前あしの根元がオレンジ色

オオカマキリ
♦68〜95mm ♣北海道〜九州、小笠原諸島 ■8〜11月 ★後ろばねは全体が黒くなっています。林のへりなどにいます。

カマキリ
♦65〜90mm ♣本州以南 ■8〜11月 ★後ろばねは前の方だけ黒くなっています。

黒いもよう

前あしに3つの白いいぼ　　白い点

コカマキリ
♦36〜63mm ♣本州、四国、九州 ■8〜11月 ★たまに緑色で後ろばねがとうめいなものもいます。

ハラビロカマキリ
♦45〜71mm ♣本州以南 ■8〜11月 ★林のへりなどにすみます。腹が横に広くなっています。

豆ちしき　カマキリは、チョウセンカマキリともいいます。

カマキリのたまごを見つけよう

カマキリのたまごは種によって形がちがいます。また、産卵する場所も種によってちがいます。

カマキリ
枝などについています。オオカマキリより細長い形をしています。

オオカマキリ
枝などについています。横に広く角張った形をしています。

ハラビロカマキリ
枝や幹などについています。とちゅうから下は、だんだん細くなります。

コカマキリ
幹の割れ目などについています。カマキリよりも細い形をしています。

やってみよう

カマキリが葉のない枝などを歩いているところを観察しよう。体をどうしているかな？

カマキリの前で、小さなねこじゃらしのようなものをゆらしてみよう。じゃれてくるかな？

見てみよう

カマキリは、かくれるのがじょうずです。どのようにかくれているか、観察してみましょう。

豆ちしき　オオカマキリのたまごは、平らになっている方が下です。

コオロギトラップをしかけよう

秋 ── 秋に見つけよう

コオロギは、鳴き声はよく聞きますが、なかなかつかまえにくい昆虫です。でもトラップ（わな）をしかけると、楽につかまえることができます。やってみましょう。

トラップに入った昆虫

コオロギトラップのつくり方としかけ方

用意するもの

- ペットボトル
- さなぎ粉（つり具店で売っています）
- とうがらしの粉

①ペットボトルの上の方を切りとります。

②底の方にさなぎ粉ととうがらしの粉を入れ、切りとったペットボトルの上の方を逆向きに差しこみます。

③草むらの地面がやわらかいところにあなをほり、②のペットボトルを上の方までうめます。次の日の朝に回収しましょう。

切り口と土に段差がないようにする。

豆ちしき　コオロギのなかまは肉食性が強いので、すぐに共食いをはじめます。

鳴く虫図鑑

秋には、コオロギなどのほか、キリギリスなど、きれいな声を出すものが多くいます。

エンマコオロギ
◆29〜35mm ♣北海道〜九州 ■8〜11月 ★「コロコロリー」と鳴きます。めすには、長い産卵管があります。

ミツカドコオロギ
◆16〜20mm ♣本州、四国、九州 ■8〜11月 ★「ジジジジ」と鳴きます。

スズムシ
◆16.5〜18.5mm ♣北海道〜九州 ■8〜10月 ★おもに夜「リーン、リーン」と鳴きます。

キリギリス
◆26〜40mm ♣本州、四国、九州 ■6〜10月 ★草やほかの昆虫を食べます。鳴き声は「ギー、チョン」。

ツユムシ
◆29〜37mm ♣北海道〜九州、奄美大島 ■7〜9月 ★明るい草地で「プツッ、プツッ、ツツツツジィジィ」と鳴きます。

クツワムシ
◆50〜53mm ♣本州、四国、九州 ■8〜10月 ★草むらなどで夜「ガシャガシャ」と大きな声で鳴きます。

やってみよう！

糸でつるしたタマネギの切れはしを、キリギリスの目の前においてみよう。

そのまま、引っぱり上げることはできるかな？

豆ちしき キリギリスは、ニシキリギリスとヒガシキリギリスがいます。

秋 ── 秋に見つけよう

バッタを見つけよう

秋には、草むらなどに多くのバッタがいます。いろいろな種類がいますので、よく観察してみましょう。

トノサマバッタ

バッタつりをやってみよう！

トノサマバッタなど、地上にいるバッタのおすは、自分より一回り大きなものにしがみつきたがります。その習性をつかって、バッタつりをしましょう。

用意するもの

- たこ糸
- 1cm角の長さ9cmの黒くぬった角材

①黒くぬった角材に、たこ糸を結びつけます。

②土のところや、草の少ないところで、糸につないだ黒い角材を引いて歩きます。

つれた！

豆ちしき　バッタつりでは、地上性のバッタがかかります。

130

身近にいるバッタ図鑑

トノサマバッタのほかにもショウリョウバッタやツチイナゴなど、いろいろな種類が草むらにいます。

トノサマバッタ
♦35〜65mm ♣日本全土 ■7〜11月 ★川原など開けた場所にいます。

クルマバッタ
♦35〜65mm ♣本州以南 ■7〜11月 ★飛ぶようすがまるで車輪が回っているように見えます。

クルマバッタモドキ
♦32〜65mm ♣北海道〜九州 ■7〜11月 ★低い草の生えた草地にすんでいます。

ショウリョウバッタ
♦40〜80mm ♣本州以南 ■8〜11月 ★おすは後ろあしではねをこすって「キチキチ」と音を出しながら飛びます。

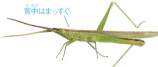

背中はまっすぐ

複眼になみだのようなもよう

ショウリョウバッタモドキ
♦27〜57mm ♣本州以南 ■8〜11月 ★草原でよく見られます。

ツチイナゴ
♦50〜70mm ♣本州以南 ■秋〜 ★うす暗い草地にすみ、成虫で越冬します。

コバネイナゴ
♦16〜40mm ♣北海道〜九州 ■8〜11月 ★おもに水田にすんでいます。

カワラバッタ
♦25〜43mm ♣北海道〜九州 ■7〜9月 ★おすは「カシャカシャ」と鳴きます。

オンブバッタ
♦20〜42mm ♣北海道〜九州、奄美群島、沖縄諸島など ■6〜10月 ★交尾以外でも、おすがめすの背によくのっています。

豆ちしき　トノサマバッタはふつう緑色ですが、かっ色のものもたまにいます。

131

きのこをさがしてみよう

秋は、雑木林の中できのこがたくさん出てきます。いろいろな色や形をしているので、写真でとりましょう。でも、きのこをとって食べないでください。

秋 —— 秋に見つけよう

シロオニタケ

ドクツルタケのなかま

エリマキツチグリ

ボタンイボタケ

ベニタケのなかま

豆ちしき　とったきのこを、ほかの人にあげてはいけません。

アワタケ

キアミアシイグチ

テングタケのなかま

ツヤウチワタケモドキ
かれ枝に生えます。

カワラタケ
このきのこが生えた木は、クワガタムシの幼虫が食べます。

気をつけよう！

多くの毒きのこは、食べて毒が体に入ると害が出ます。ところが写真のカエンタケはさわっただけで皮ふがただれるといわれています。さわらないようにしましょう。

カエンタケ

豆ちしき　食べられるきのこだと思っても、似たきのこも多いので、食べてはいけません。

落ち葉をさがそう

秋 ── 秋に見つけよう

　夏には緑だった木の葉は、秋になると赤くなったり、黄色くなったりして、木から落ちます。いつも見る葉も、色づくと、別のもののように見えます。

クヌギ

イロハモミジ

コナラ

ケヤキ

タイサンボク

アキニレ

ホオノキ

豆ちしき　どんな落ち葉がどこにあったのか、地図といっしょに図鑑をつくりましょう。

落ち葉がくさって腐葉土となり、ほかの植物が育つ栄養になります。

秋　——　秋に見つけよう

どんぐりをさがそう

秋の林にはいろいろな形のどんぐりがいっぱい！　木の種類によって、どんぐりもかわってきます。いろいろ集めて、何の木のどんぐりか調べてみましょう。

どんぐり図鑑

クヌギ　コナラ　アベマキ　シラカシ

アラカシ　ウラジロガシ　スダジイ　マテバシイ

豆ちしき　どんぐりは、昆虫やネズミなどの大切な食べ物です。

青いどんぐりを落としたのはだれた!?

青いどんぐりが枝ごと落ちていたぞ。こんなことをしたのは、だれだ？

犯人はハイイロチョッキリだった！

ハイイロチョッキリのめすは、コナラやクヌギの青いどんぐりにあなをあけ、たまごを産みます。たまごからかえった幼虫は、どんぐりを食べます。

わたしの奥さんで〜す。

ハイイロチョッキリ
◆約9mm ♣本州、四国、九州 ■8〜10月 ★うすい黄色の細かい毛が生えています。たまごを産んだ枝をかじって、落とします。

落ちているどんぐりにあなが…

幼虫

わたしの幼虫で〜す。

犯人はシギゾウムシ

コナラシギゾウムシ
◆5.5〜10mm ♣北海道〜九州 ■4〜10月 ★ミズナラ、カシワ、ウバメガシなどの実の中に産卵します。

豆ちしき　クリの実にもシギゾウムシのなかまがたまごを産みます。

137

秋 — 秋に見つけよう

実をさがそう

秋になると、実をつける植物がたくさんあります。それらの実は、赤や紫色をしておいしそうに見えるものもあります。鳥に食べられると、ふんといっしょに中の種をまいてもらえるので、生える場所を広げることができます。

ガマズミ
◆約5m ♣落葉高木 ♣北海道〜九州 ★枝の先に白い小さな花がたくさん集まってさきます。実は赤く熟します。

イシミカワ
◆つる性 ♣一年草 ♣日本全土 ★林のへり、川原、道ばたなど日当りがいいところにはえます。

クサギ
◆4〜8m ♣落葉高木 ♣日本全土 ★実には赤い星状のがくがあり、とても目立つので、鳥が食べにやってきます。

カラスウリ
◆つる性 ♣多年草 ♣北海道〜九州 ★緑色の実は赤く熟します。

クロガネモチ
◆5〜20m ♣常緑高木 ♣本州〜沖縄 ★若い枝や葉柄は、紫がかった色をしています。小さな赤い実をたくさんつけます。

◆大きさ ♣生活の姿 ♣日本での分布 ★特徴

ゴンズイ

◆3～8m ♣落葉高木 ♣関東地方以西 ★冬に実が赤くなります。熟すと実が割れ、黒い種が見えるようになります。

ナナカマド

◆6～10m ♣落葉高木 ♣北海道～九州 ★木を7回かまどに入れても燃えにくいことからついた名前です。熟すと葉も実も赤くなります。

アキグミ

◆1～5m ♣落葉低木 ♣北海道～九州 ★実は食用になりますが、しぶみがあります。

ウグイスカグラ

◆1.5～2.5m ♣落葉低木 ♣本州、四国、九州 ★赤く熟した実は、中の種がすけて見えます。

ズミ

◆6～12m ♣落葉高木 ♣北海道～九州 ★実は小さなリンゴに似ていて、コリンゴともいいます。

マユミ

◆3～5m ♣落葉低木 ♣北海道～九州 ★実は3～4つに割れて赤い皮をかぶった種が出ます。

豆ちしき　アキグミの実は、はえているところ（環境）によって、とても甘くなります。

秋に見られる鳥図鑑

秋の赤い実には、いろいろな鳥がやってきます。また、昆虫などが多くなるので、それらを食べるモズなどの鳥も里山におりてきます。さらに、北の地方から渡り鳥もやってきます。

ウソ

◆約15cm ❀日本全土 ♥木の実、花の芽 ★夏は高い山にいて、秋に平地におりてきます。「フィ、フィ」と口笛のような声で鳴きます。

キクイタダキ

◆約9cm ❀北海道〜九州 ♥昆虫、クモ ★日本でいちばん小さな鳥です。針葉樹を活発に動き回って食べ物をとります。鳴き声は「ツリリリ、ツィー」。

ルリビタキ

◆約14cm ❀日本全土 ♥木の実、昆虫、クモ ★夏は高山の林ですごし、冬は低地におりてきます。市街地の公園にもいます。鳴き声は「ピチュリ、ヒョロロ」。

コゲラ

◆13〜15cm ❀日本全土 ♥昆虫、クモ、実、種 ★日本でいちばん小さなキツツキで、鳴き声は「ギィー、キッキッキキキ」。

ツグミ

◆23〜24cm ❀日本全土 ♥木の実、カキなどの果実、昆虫 ★秋に群れでやってきて、各地に散らばります。春の渡りの前にまた群れになります。鳴き声は「クィクィ」または「キュッキュー」。

チョウゲンボウ

◆32〜39cm、翼開長65〜82cm ❀北海道〜九州 ♥ネズミ、スズメ、昆虫 ★がけのあなに巣をつくります。最近では町の中でも見られ、ビルのひさしなどに巣をつくります。鳴き声は「キーキー」など。

◆大きさ ❀日本での分布 ♥食べ物 ★特徴

虫を枝にさしたのはだれだ!?

庭のかれた枝の先に、カメムシやムカデがささっていたぞ。こんなことをしたのはだれだ？　何のためにしたんだ？

カメムシ　　　　　　**ムカデ**

犯人はモズだった！

モズは、秋になると、つかまえたえものを枝にさします。これを「モズのはやにえ」といいます。あとで食べるためともいわれていますが、本当のところはわかっていません。

ぼくで〜す。

はやにえになるほかの生き物

カマキリ　　トカゲ　　カエル

モズ
◆約20cm ✤北海道〜九州 ♥昆虫、トカゲ、カエル、小鳥 ★目立つ高い枝などにとまり、「キィーキリキリ」という、なわばり宣言の高鳴きをします。

 モズは、秋に里山におりてきます。

141

トンボを見つけよう

秋（あき）――秋に見つけよう

秋にはトンボをよく見かけます。池や田、川などでトンボをさがしてみましょう。場所によって、いるトンボもちがいます。

開けた池

まわりが開けた池には、よく見られるトンボが多くいます。イトトンボのなかまも見られます。

シオカラトンボ

ネキトンボ

アオモンイトトンボ

水田

見られる種類は少ないですが、ギンヤンマなどが見られます。

ウスバキトンボ

ギンヤンマ

アキアカネ

 アキアカネは、初夏に羽化したあとに、高原へ移動します。

アシなどが生えた池

チョウトンボなど、あまり見かけない
トンボがよくいます。

チョウトンボ

コシアキトンボ　アジアイトトンボ

ハスなどが生えた池

ウチワヤンマなどの、ういている草に
たまごを産むトンボが見られます。

ショウジョウトンボ

ウチワヤンマ　モノサシトンボ

川の中流など

流れる水が好きなサナエトンボや
カワトンボのなかまがすんでいます。

ミヤマカワトンボ

アオハダトンボ　コオニヤンマ

 ウチワヤンマは、腹の先の方に平たく広がっているところがあります。

143

身近なトンボ図鑑

トンボは日本に約200種います。そのうちで、よく見られるトンボを紹介します。

オオアオイトトンボ
◆40〜55mm ♣北海道〜九州 ■5〜12月 ★成虫は、夏に林の中ですごし、秋になると水辺へ帰ってきます。

オツネントンボ
◆35〜41mm ♣北海道〜九州 ■1年中 ★成虫で冬をこします。

アオハダトンボ
◆55〜63mm ♣本州、九州 ■4〜11月 ★底が砂になっている、平地などの川にいます。

ハグロトンボ
◆54〜68mm ♣本州以南 ■4〜12月 ★平地などの川や用水路にいます。

ミヤマカワトンボ
◆63〜80mm ♣北海道〜九州 ■4〜10月 ★めすは産卵するとき、水に1時間以上もぐることができます。

キイトトンボ
◆31〜48mm ♣本州、四国、九州 ■5〜12月 ★ハエやほかのトンボをとらえて食べます。

アオモンイトトンボ
◆29〜38mm ♣本州、四国、九州、南西諸島 ■3〜12月 ★おすは午前中に水辺を飛び回り、めすをさがします。

アジアイトトンボ
◆24〜34mm ♣北海道〜九州 ■3〜12月 ★おすは湿地を低く飛び、めすをさがします。

コオニヤンマ
◆75〜93mm ♣北海道〜九州 ■4〜10月 ★低い山の、林のある川で見られます。

ウチワヤンマ
◆70〜87mm ♣本州、四国、九州 ■5〜10月 ★平地の池や湖にいます。

◆大きさ ♣日本での分布 ■見られる時期 ★特徴

オニヤンマ
◆82～114mm ♣北海道～九州、奄美大島、沖縄島 ■4～11月 ★日本最大のトンボです。林に囲まれた川の浅いところに産卵します。

ギンヤンマ
◆65～84mm ♣日本全土 ■4～12月 ★朝夕に食事をし、昼はなわばりをパトロールします。

チョウトンボ
◆31～42mm ♣本州、四国、九州 ■5～10月 ★平地から山地の池などで見られます。後ろばねの幅が広く、チョウのように見えます。

ショウジョウトンボ
◆38～55mm ♣日本全土 ■3～12月 ★おすは成熟するときれいな赤になります。

胸は黒

胸まで赤

アキアカネ
◆32～46mm ♣北海道～九州 ■3月～翌年1月 ★夏は高い山地にいて、秋に平地におりてきます。おすは成熟すると赤くなります。

ナツアカネ
◆33～43mm ♣北海道～九州 ■6～12月 ★おすは成熟すると赤くなります。

おすめすとも複眼は黒

めすの複眼は緑、おすは水色

オオシオカラトンボ
◆49～61mm ♣日本全土 ■5～11月 ★平地や低い山の池、水田などでふつうに見られます。

シオカラトンボ
◆47～61mm ♣日本全土 ■3～11月 ★平地や低い山の池、水田、町などでふつうに見られます。

「アカネ」とは、赤とんぼの意味です。

やごをとってみよう

秋 —— 秋に見つけよう

「やご」はトンボの幼虫です。池や川で、あみですくってやごをとりましょう。場所によっていろいろなやごがとれます。写真をとったあとは、はなしてあげましょう。

- アオモンイトトンボ
- アサヒナカワトンボ
- ミヤマカワトンボ
- ハグロトンボ
- コオニヤンマ
- ウチワヤンマ
- オニヤンマ
- ダビドサナエ
- エゾトンボ
- コシアキトンボ
- ウスバキトンボ
- アキアカネ

豆ちしき　やごは、下くちびるをのばして、えものをつかまえます。

冬 ── 冬に見つけよう

冬に見つけよう

寒さがきびしい冬には、生き物たちはほとんど活動しません。でも、よくさがせば、この時期にしかいないガが見つかります。また、冬越ししている昆虫も見つかります。

落ち葉をめくって見つけよう

昆虫の中には、落ち葉の間にひそんで冬をこすものがいます。落ち葉をめくると、見つかることがあります。

ゴマダラチョウ（幼虫）

シブイロカヤキリモドキ

キバラヘリカメムシ

ナミテントウ

枝や幹でさがそう

枝や幹のさけ目などを注意して見ると、さなぎやまゆ、冬をこしているカメムシなどが見つかります。

ウスタビガ

アゲハ

ヨコヅナサシガメ

木の芽を見よう

木の種類によって冬の芽の色や形がちがいます。見てみましょう。

コナラ

クヌギ

ヤブニッケイ

サクラ

コブシ

アラカシ

冬 —— 冬に見つけよう

雑木林で見つけよう

冬の雑木林では冬をこしている昆虫が見つかります。さがしてみましょう。

土をほってみよう

落ち葉の下の、ふわふわした土をほってみましょう。カブトムシの幼虫が見つかるかもしれません。

ここに赤いもんがない

アオドウガネの幼虫

カブトムシの幼虫

土のがけをけずってみよう

道ばたなどにある、高くないがけのやわらかい土をけずってみましょう。オサムシや、セミの幼虫などが出てきます。

ハナムグリのなかま　　アオオサムシ　　セミの幼虫

豆ちしき　道ばたの低いがけだと、ほりくずすのが楽です。

朽ち木をほってみよう

　かれて、朽ちた木を「朽ち木」といいます。この朽ち木ではカブトムシやクワガタムシ、タマムシ、カミキリムシの幼虫が見つかります。クワガタムシは倒れた朽ち木よりも、立っている朽ち木の方がよく見つかります。

コクワガタ

タマムシ幼虫

　朽ち木をいっぱいこわすと、幼虫の食べるものがなくなるので、こわすのは少しだけにしてください。

コクワガタ幼虫

コナラに小さくて白いものをつけたのは、だれだ!?

オオミドリシジミのたまごだった…

　オオミドリシジミなどのミドリシジミのなかまは、コナラやクヌギにたまごを産むものが多くいます。

わたしで〜す。

オオミドリシジミ

◆35〜40mm　♣北海道〜九州　■6〜8月　★朝早くに活動します。平地にもいます。

　コナラの枝を見ていたら、小さくて白い、まんじゅうのようなものがついていたよ。これは何だろう…?

◆大きさ　♣日本での分布　■見られる時期　★特徴

晴れた日に見に行こう

冬 ── 冬に見つけよう

晴れて気温が上がった日には、成虫で冬越ししていた昆虫が出てきます。また、冬にだけ見られるガも雑木林の中で見られます。

ヤガのなかま

クロスジフユエダシャク
◆24〜30mm ■北海道、本州、四国、九州 ■11〜12月 ★冬に活動するガです。

ムラサキシジミ
◆32〜37mm ■本州、四国、九州、南西諸島 ■5月〜秋 ★成虫で冬をこします。春にたまごを産みます。

キタテハ

ツチイナゴ

ルリタテハ
◆50〜65mm ■日本全土 ■6〜10月 ★樹液やくさったものにきます。速く飛び、敏感です。成虫で冬をこします。

◆大きさ ■日本での分布 ■見られる時期 ★特徴

身近な冬の鳥図鑑

池や沼に行くと、寒さのきびしい北の地方からやってきて、日本で冬越しするカモのなかまが見られます。また、夏は高いところにいて冬に低地におりてくるウソなどの鳥も見られます。

オオバン
◆36～39cm ♣日本全土、越冬地は本州以南 ♥植物、魚、昆虫 ★みずかきの発達したあしで水面を泳ぎ、水中にもぐってえさをとります。鳴き声は「ケッ」。

オナガガモ
◆50～65cm ♣日本全土 ♥草の実、水草 ★えづけされた公園などでは、水面からあがってパンなども食べます。おすが「ニィニー、ニィニー」、めすが「グェ、グェ」と鳴く。

キンクロハジロ
◆40～47cm ♣日本全土 ♥貝、エビ、水草 ★冬には町の中の池でも見られます。鳴き声は「フェフェ」、「グェグェ」。

クイナ
◆25～28cm ♣越冬地は本州以南 ♥種、球根、昆虫 ★つがいをつくるとき以外は1ぴきでくらします。なわばり意識が強く、攻撃的です。

マガモ

コハクチョウ
◆115～140cm ♣日本全土 ♥種、草の葉 ★ロシア北部で子育てし、日本で冬越しします。

◆大きさ ♣日本での分布 ♥食べ物 ★特徴

家におびきよせよう

　ふだんから家の庭やベランダに昆虫が食べる植物を植えておくと、昆虫がその植物におびきよせられてやってきます。

パンジーを植えてみよう

　おそい秋に植えておくと、ツマグロヒョウモンがやってきます。幼虫はパンジーの葉を食いつくすので、注意しましょう。

ツマグロヒョウモン
♦60〜70mm ♣本州以南 ■4月〜晩秋 ★花によくきます。

クチナシを植えてみよう

　庭に植えておくと、オオスカシバがやってきます。成虫はハチのようでこわい感じがしますが、さしてくることはありません。

オオスカシバ
♦50〜70mm ♣本州以南 ■6〜9月 ★羽化後、はねをふるわせて鱗粉を落とし、とうめいなはねになります。

豆ちしき　オオスカシバの幼虫の色はいろいろで、緑色のものが多いです。

アシタバ、パセリ、ニンジンを植えてみよう

花だんに植えると、キアゲハがやってきます。キアゲハは、アシタバやパセリなどの、セリのなかまの植物を食べます。

幼虫

成虫

キアゲハ

ミカンを植えてみよう

ナミアゲハ、クロアゲハ、モンキアゲハなどがやってきます。ミカンの育たないところでは、サンショウを植えてみましょう。

幼虫

成虫

アゲハ
◆65〜90mm ♣日本全土 ■3月〜秋 ★成虫は、いろいろな花にきます。

豆ちしき　ナミアゲハの幼虫は、ミカンの木の葉をすべて食いつくすことがあります。

さくいん

※生き物の大きさや特徴などの情報の掲載ページは、太字で示しています。

ア

アイゴ ……………………………… 70
アオオサムシ ……………… **26**,24,25,150
アオサギ …………………………… **52**
アオスジアゲハ ……………………… **96**,72
アオドウガネ ……………………… **88**,150
アオバセセリ ………………………… **93**
アオハダトンボ …………………… **144**,143
アオモンイトトンボ ……………… **144**,146
アカアシオオアオカミキリ ………… **84**
アカアシクワガタ ………………… **114**
アカエイ …………………………… **70**
アカガイ …………………………… **65**
アカガネオサムシ ………………… **26**
アカシジミ ………………………… **95**
アカタテハ ………………………… **103**
アカハライモリ …………………… **33**
アカホシテントウ ………………… **13**
アキアカネ ………………… **145**,142,146
アキグミ …………………………… **139**
アゲハ ……………………… **155**,7,149
アサギマダラ ……………………… **110**
アサヒナカワトンボ ……………… **146**
アザミのなかま …………………… **108**
アサリ ……………………………… **65**,37
アジアイトトンボ ………………… **144**,143
アシブトハナアブ ………………… **18**
アズマオオズアリ ………………… **79**
アセビ ……………………………… **23**
アトリ ……………………………… **118**
アブラゼミ ………………… **76**,72,74,77
アブラハヤ ………………………… **51**
アマサギ …………………………… **52**
アヤメ ……………………………… **108**
アンボイナ ………………………… **70**

イ

イカル ……………………………… **118**
イシダイ …………………………… **59**
イソギンチャク …………………… **62**
イソシギ …………………………… **69**
イソヒヨドリ ……………………… **69**
イタドリ …………………………… **91**
イチモンジセセリ ………………… **124**
イチモンジチョウ ………………… **94**
イトマキヒトデ …………………… **62**
イヌタデ …………………………… **123**
イロハモミジ ……………………… **23**,134

ウ

ウグイ ……………………………… **51**
ウグイス …………………………… **9**
ウグイスカグラ …………………… **139**
ウシガエル ………………………… **30**
ウスカワマイマイ ………………… **81**,72
ウスバキトンボ …………………… **143**,146
ウソ ………………………………… **140**
ウチワヤンマ ……………… **144**,143,146
ウツギ ……………………………… **90**
ウツボ ……………………………… **70**
ウツボグサ ………………………… **108**
ウマノアシガタ …………………… **15**
ウミタナゴ ………………………… **59**
ウラギンシジミ …………………… **99**
ウラギンヒョウモン ……………… **110**,106
ウラナミシジミ …………………… **99**
ウリクサ …………………………… **123**

エ

エガイ ……………………………… **63**
エグリトラカミキリ ……………… **95**
エゴノキ …………………………… **90**
エゾゼミ …………………………… **77**,113
エゾトンボ ………………………… **146**
エゾミドリシジミ ………………… **112**
エビガラスズメ …………………… **88**
エンマコオロギ …………………… **129**,120

オ

オイカワ …………………………… **51**,36
オオアオイトトンボ ……………… **144**
オオイヌノフグリ ………………… **17**
オオカマキリ ……………………… **126**,127
オオゴミムシ ……………………… **26**
オオシオカラトンボ ……………… **145**
オオスカシバ ……………………… **154**
オオスズメバチ …………………… **85**
オオセンチコガネ ………………… **115**
オオゾウムシ ……………………… **84**
オオニジュウヤホシテントウ …… **13**
オオハナアブ ……………………… **124**
オオバン …………………………… **153**
オオヒラタシデムシ ……………… **26**,25
オオミズアオ ……………………… **88**
オオミドリシジミ ………………… **151**
オオムラサキ ……………………… **85**
オオヨシキリ ……………………… **52**

オオルリ	**118**
オカダンゴムシ	**26**
オカトラノオ	**108**,106
オシドリ	**53**
オジロアシナガゾウムシ	**98**
オツネントンボ	**144**
オナガガモ	**153**
オニカサゴ	**70**
オニクワガタ	**114**
オニヤンマ	**145**,146
オヤビッチャ	**57**
オンブバッタ	**131**

カ

カイツブリ	**53**
カゴカキダイ	**59**
カサガイ	**63**
カサゴ	**59**
カジカガエル	**33**
カタクチイワシ	**57**
カダヤシ	**50**
カッコウ	**118**
カナブン	**84**
カニグモのなかま	**19**
カバキコマチグモ	**103**
カブトエビ	**29**
カブトムシ	**83**,73,89,150
カマキリ	**126**,121,127
ガマズミ	**138**,121
ガムシ	**105**,104
カメノコテントウ	**13**
カメノテ	**63**,37
カラスアゲハ	**93**
カラスウリ	**138**,120
カラスザンショウ	**91**
カラスノエンドウ	**10**,6
カルガモ	**53**
カレイ	**55**
カワセミ	**52**
カワニナ	**29**
カワハギ	**57**
カワムツ	**51**
カワラナデシコ	**90**
カワラバッタ	**131**
カワラヒワ	**9**
ガンガゼ	**70**
ガンゼキボラ	**62**,37

キ

キアゲハ	**93**,155
キイトトンボ	**144**
キキョウ	**109**
キクイタダキ	**140**
キシタバ	**88**

キジムシロ	**15**
キスジコガネ	**76**
キタテハ	**89**,94,125,152
キツネノカミソリ	**91**,73
キツネノマゴ	**123**,120
キバネツノトンボ	**111**
キビタキ	**118**
キマダラミヤマカミキリ	**113**
キュウセン	**59**
キリギリス	**129**
キンクロハジロ	**153**
キンケハラナガツチバチ	**124**
キンセンガニ	**67**
ギンブナ	**50**,36
ギンヤンマ	**145**,142
キンラン	**23**
ギンラン	**23**

ク

クイナ	**153**
クサギ	**138**
クサフグ	**59**
クサフジ	**91**
クジャクチョウ	**113**
クズ	**91**
クズノチビタマムシ	**101**
クツワムシ	**129**
クマゼミ	**77**
クルマバッタ	**131**
クルマバッタモドキ	**131**
クロオオアリ	**79**
クロガネモチ	**138**
クロスジフユエダシャク	**152**
クロダイ	**55**
クロナガアリ	**79**
クロハナムグリ	**95**
クロヤマアリ	**78**

ケ

ゲンノショウコ	**122**

コ

コアジサシ	**69**
コイ	**50**,36
ゴイサギ	**52**
コオニヤンマ	**144**,143,146
コガタルリハムシ	**27**
コカマキリ	**126**,127
コガラ	**118**
コキマダラセセリ	**110**
コクワガタ	**84**,89,151
コゲラ	**140**
コサギ	**69**
コシアキトンボ	**143**,146

157

コシロシタバ	85
コスカシバ	112
コチャバネセセリ	102
コトヒキ	55
コナラシギゾウムシ	137
コニホンマイマイ	81
コハクチョウ	153
コバネイナゴ	131
コフキコガネ	100
コフキゾウムシ	98
コブシ	22,149
ゴマダラオトシブミ	95,73
ゴマダラカミキリ	89
ゴマダラチョウ	85,148
コミスジ	102
コムラサキ	89
ゴンズイ(魚)	70
ゴンズイ(植物)	139

サ

サトキマダラヒカゲ	85
サワガニ	51
サンゴジュハムシ	100

シ

シオカラトンボ	145,142
シジュウカラ	9
シモツケ	109,140
シモフリコメツキ	88
ジャコウアゲハ	92
ジャノメチョウ	110
シャリンバイ	22
シュレーゲルアオガエル	31
ショウジョウトンボ	145,143
ショウリョウバッタ	131
ショウリョウバッタモドキ	131
シロウミウシ	63
シロコブゾウムシ	98
シロスジカミキリ	85
シロテンハナムグリ	125
シンジュサン	88

ス

スイバ	10
スジグロシロチョウ	19
スズキ	55
スズムシ	129
スズメ	8
ズミ	139
スミナガシ	93

セ

セイヨウアブラナ	10
セスジヒラタゴミムシ	88

セボシヒラタゴミムシ	26
セマダラコガネ	94
センダン	23
センニンソウ	122

タ

ダイサギ	52
ダイミョウセセリ	19,102
タケトゲハムシ	101
タチツボスミレ	17,6
タニソバ	122
タネツケバナ	17
ダビドサナエ	146
タモロコ	51

チ

チチブ	50
チョウゲンボウ	140
チョウトンボ	145,143

ツ

つくし(スギナの胞子茎)	16,7
ツクツクボウシ	76
ツグミ	140
ツチイナゴ	131,152
ツチガエル	31
ツバメシジミ	92
ツマグロキンバエ	124
ツマグロヒョウモン	154
ツメタガイ	65
ツユクサ	90
ツユムシ	129
ツリガネニンジン	123
ツルボ	122

テ

テングチョウ	95

ト

トウキョウダルマガエル	33
トノサマガエル	31
トノサマバッタ	131,130
トホシテントウ	13
トホシハムシ	100
トラハナムグリ	95
トラマルハナバチ	92
ドロハマキチョッキリ	113

ナ

ナズナ	17
ナツアカネ	145
ナナカマド	139
ナナホシテントウ	10
ナミテントウ	13,19,148

ナミノコガイ ……………………… **67**
ナミハナムグリ …………………… **19**,94
ナミマイマイ ……………………… **81**

ニ

ニイニイゼミ ……………………… **76**
ニジュウヤホシテントウ ………… **13**
ニッコウキスゲ …………………… **108**
ニッコウコエンマコガネ ………… **115**
ニホンアカガエル ………………… **31**,34
ニホンアマガエル ………………… **31**,34
ニホンカナヘビ …………………… **80**
ニホンカブラハバチ ……………… **20**
ニホントカゲ ……………………… **80**,72
ニホンヒキガエル ………………… **30**,34
ニホンヤモリ ……………………… **80**

ヌ

ヌスビトハギ ……………………… **122**,120
ヌマエビ …………………………… **50**,36,46
ヌマガエル ………………………… **31**

ネ

ネズミモチ ………………………… **109**
ネンブツダイ ……………………… **59**,37

ノ

ノイバラ …………………………… **16**
ノゲシ ……………………………… **15**
ノコギリクワガタ ………………… **84**,89
ノリウツギ ………………………… **109**

ハ

ハイイロゲンゴロウ ……………… **105**
ハイイロチョッキリ ……………… **137**
バカガイ …………………………… **65**
ハクセキレイ ……………………… **53**,121
ハグロトンボ ……………………… **144**,146
ハナアブ …………………………… **110**
ハナニガナ ………………………… **123**
ハナニラ …………………………… **16**
ハマグリ …………………………… **65**
バラハキリバチ …………………… **124**
ハラビロカマキリ ………………… **126**,127
ハルジオン ………………………… **16**

ヒ

ヒカゲチョウ ……………………… **85**,73
ヒグラシ …………………………… **76**
ヒゲナガガのなかま ……………… **18**
ヒゲブトハナムグリ ……………… **112**
ヒメアカタテハ …………………… **103**
ヒメアシナガコガネ ……………… **112**
ヒメウラナミジャノメ …………… **18**

ヒメオドリコソウ ………………… **16**,7
ヒメカメノコテントウ …………… **13**
ヒメキマダラヒカゲ ……………… **113**,107
ヒメジョオン ……………………… **16**
ヒメシジミ ………………………… **110**
ヒメトラハナムグリ ……………… **92**
ヒョウモンエダシャク …………… **95**
ヒョウモンダコ …………………… **70**
ヒヨドリ …………………………… **8**
ヒライソガニ ……………………… **68**
ヒラタクワガタ …………………… **84**
ヒルガオ …………………………… **91**

フ

フキバッタのなかま ……………… **111**,106
フジツボ …………………………… **63**
ブダイ ……………………………… **59**
フタスジハナカミキリ …………… **92**

ヘ

ヘクソカズラ ……………………… **90**
ベニカミキリ ……………………… **92**
ベニシジミ ………………………… **27**
ベニボタル ………………………… **94**
ベニモンマダラ …………………… **111**
ヘビイチゴ ………………………… **17**
ベンケイガニ ……………………… **68**

ホ

ホウチャクソウ …………………… **23**
ホウネンエビ ……………………… **29**
ホシホウジャク …………………… **125**
ホソヒラタアブ …………………… **18**
ホタルガ …………………………… **125**
ホタルブクロ ……………………… **108**,106
ホトケノザ ………………………… **17**
ボラ ………………………………… **55**,37

マ

マアジ ……………………………… **57**
マイマイカブリ …………………… **26**
マガモ ……………………………… **53**,153
マグソコガネ ……………………… **115**
マサバ ……………………………… **57**
マシジミ …………………………… **51**
マダコ ……………………………… **63**
マツモムシ ………………………… **105**
マテガイ …………………………… **65**
マナマコ …………………………… **62**
マハゼ ……………………………… **55**,37
マムシグサ ………………………… **22**
マメコガネ ………………………… **101**
マユミ ……………………………… **139**
マルクビツチハンミョウ ………… **19**

159

マルタニシ	29
マルバハギ	122

ミ
ミイデラゴミムシ	**26**,25
ミズイロオナガシジミ	95
ミズカマキリ	105
ミズキ	22
ミツカドコオロギ	129
ミツバツチグリ	15
ミドリカミキリ	112
ミドリヒョウモン	124
ミヤマカミキリ	84
ミヤマカワトンボ	**144**,143,146
ミヤマクワガタ	**114**,107
ミンミンゼミ	76

ム
ムナグロ	53
ムネアカオオアリ	79
ムラサキウニ	**62**,37
ムラサキシキブ	138
ムラサキシジミ	**152**,120
ムラサキツバメ	125

メ
メジナ	57
メジロ	8
メダイチドリ	69
メダカ	**50**,46

モ
モズ	141
モツゴ	**50**,36
モモブトカミキリモドキ	18
モリアオガエル	33
モンキチョウ	125

モンシロチョウ	**20**,6

ヤ
ヤガのなかま	152
ヤクシマダカラ	62
ヤブキリ	18
ヤブツバキ	22
ヤマアカガエル	33
ヤマオダマキ	109
ヤマガラ	9
ヤマタカマイマイ	81
ヤマトシリアゲムシ	111
ヤマメ	51
ヤマユリ	109

ユ
ユリカモメ	69

ヨ
ヨコヤマヒゲナガカミキリ	88
ヨツスジハナカミキリ	**92**,73
ヨツボシケシキスイ	88
ヨトウガ	20
ヨモギハムシ	**111**,106

ル
ルリシジミ	**99**,6
ルリタテハ	**152**,120
ルリハダホソクロバ	111
ルリビタキ	140
ルリボシカミキリ	**113**,107

レ
レンゲツツジ	22

ワ
ワレモコウ	123

学研の図鑑
LIVEポケットasobi①
自然観察
2018年4月24日　初版第1刷発行

発 行 人　黒田隆暁
編 集 人　芳賀靖彦
企画編集　里中正紀
発 行 所　株式会社 学研プラス
　　　　　〒141-8415
　　　　　東京都品川区西五反田 2-11-8
印 刷 所　図書印刷株式会社

NDC 460 160P 18.2cm
©Gakken Plus 2018　Printed in Japan

本書の無断転載、複製、複写（コピー）、翻訳を禁じます。
本書を代行業者等の第三者に依頼してスキャンやデジタル化することは、
たとえ個人や家庭内の利用であっても、著作権法上、認められておりません。

複写（コピー）をご希望の方は、下記までご連絡ください。
日本複製権センター　http://www.jrrc.or.jp/
E-mail：jrrc_info@jrrc.or.jp
Ⓡ＜日本複製権センター委託出版物＞

お客様へ

■この本についてのご質問・ご要望は次のところへお願いします。
●本の内容については
　03-6431-1281（編集部直通）
●在庫については
　03-6431-1197（販売部直通）
●不良品（乱丁、落丁）については
　0570-000577（学研業務センター）
　〒354-0045　埼玉県入間郡三芳町上富279-1
■上記以外のお問い合わせは
　03-6431-1002（学研お客様センター）
■学研の書籍・雑誌についての新刊情報・詳細情報は、
　http://hon.gakken.jp/
　※表紙の角が一部とがっていますので、お取り扱いには十分ご注意ください。

記録をつけよう！

　自然観察しているときは、メモをしっかりつけるようにしましょう。あとでどんな生き物がいたかがわかるだけでなく、まとめると自由研究に使えます。メモには、次の項目をかきましょう。

年月日と時刻
いつ観察したかは、重要な情報です。あとでわかるように西暦でかきましょう。

場所
どこで観察したか、ほかの人もわかるようにかきましょう。

観察したきっかけ
何をして観察できたかも重要です。トラップの場合は、しっかりかきましょう。

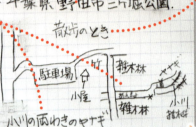

観察した環境
どのような環境で観察したかも重要です。観察したところの地図をかくと、わかりやすくなります。

観察した生き物
何を観察したかというのは、もっとも大切な情報です。記録したあと、図鑑で種類を確かめましょう。

見つけた数
どのくらい見たかというのもかいておきましょう。「多い、少ない、1ぴきだけ」でもかまいません。

観察した生き物の行動
観察した生き物が、とくに昆虫や動物が、何をしていたかというのは重要な情報です。トラップ（わな）にきた昆虫などが何をしていたか、また、そのトラップにどんな生き物がきていたかという情報をかきましょう。とくにトラップでは草地、雑木林の中、雑木林のへりなどは重要な情報になります。

スケッチ
写真でわかると思いがちですが、気づいたところを強調するために、スケッチをかきましょう。

写真をとろう
スケッチと写真で、何をどのように観察したかが、見た人にもわかります。できたら、写真もとり、観察メモにはりましょう。

生き物の種名を調べよう

自分が観察した生き物の種名を調べてみましょう。絵で合わせたあとに解説を読んで、自分が観察した生き物に合うかどうか確かめてみましょう。生き物の種名を調べるときは、実物か写真で確かめます。

「大きさ」を確かめよう
自分で「これだ」と思ったものが、観察したものの大きさから大きくずれていないことを確かめましょう(魚の場合は別です)。

「分布」を確かめよう
自分で「これだ」と思ったものが、どこにすんでいるのか確かめましょう。北海道だけにいるものが東京で見られることは、まずありません。

ほかの本でも確かめよう
この本は、自然観察のしかたをのせた本です。種を調べるのにはほかの本を見ましょう。自然観察するときには、この本とともに、目的とする生き物の図鑑をもっていきましょう。

引き出し線で書いているところを読もう
引き出し線で書かれているところは、特徴がよく出ているところです。合っているかどうか確かめましょう。

「見られる時期」を確かめよう
春だけに見られる生き物が秋に見られることは、ほとんどないので、「これだ」と思ったものの見られる時期も確かめましょう。

図鑑をつかい分けよう

図鑑には大きい図鑑と、この本のような、小さなポケット判の図鑑があります。それぞれつかい方がちがいます。

大きな図鑑
種類数が多く、くわしいので、家などでじっくり調べるのにむいています。ただし重く大きいので、野山にもっていくのにはむいていません。

小さな図鑑
小さくてもち運びやすいので、観察する場所で生き物を調べることができます。しかし、種類数が少ないので、調べるのにかぎりがあります。

観察の現場には小さな図鑑を、じっくり調べるときには大きな図鑑を
観察の現場にもっていくのは、小さな図鑑がむいています。しかし、小さい図鑑で調べきれなかったら、その生き物をもって帰ったり、写真をとったりして、家で大きな図鑑で調べましょう。とくに昆虫は、もって帰って調べた方が、種名が確かめられます。